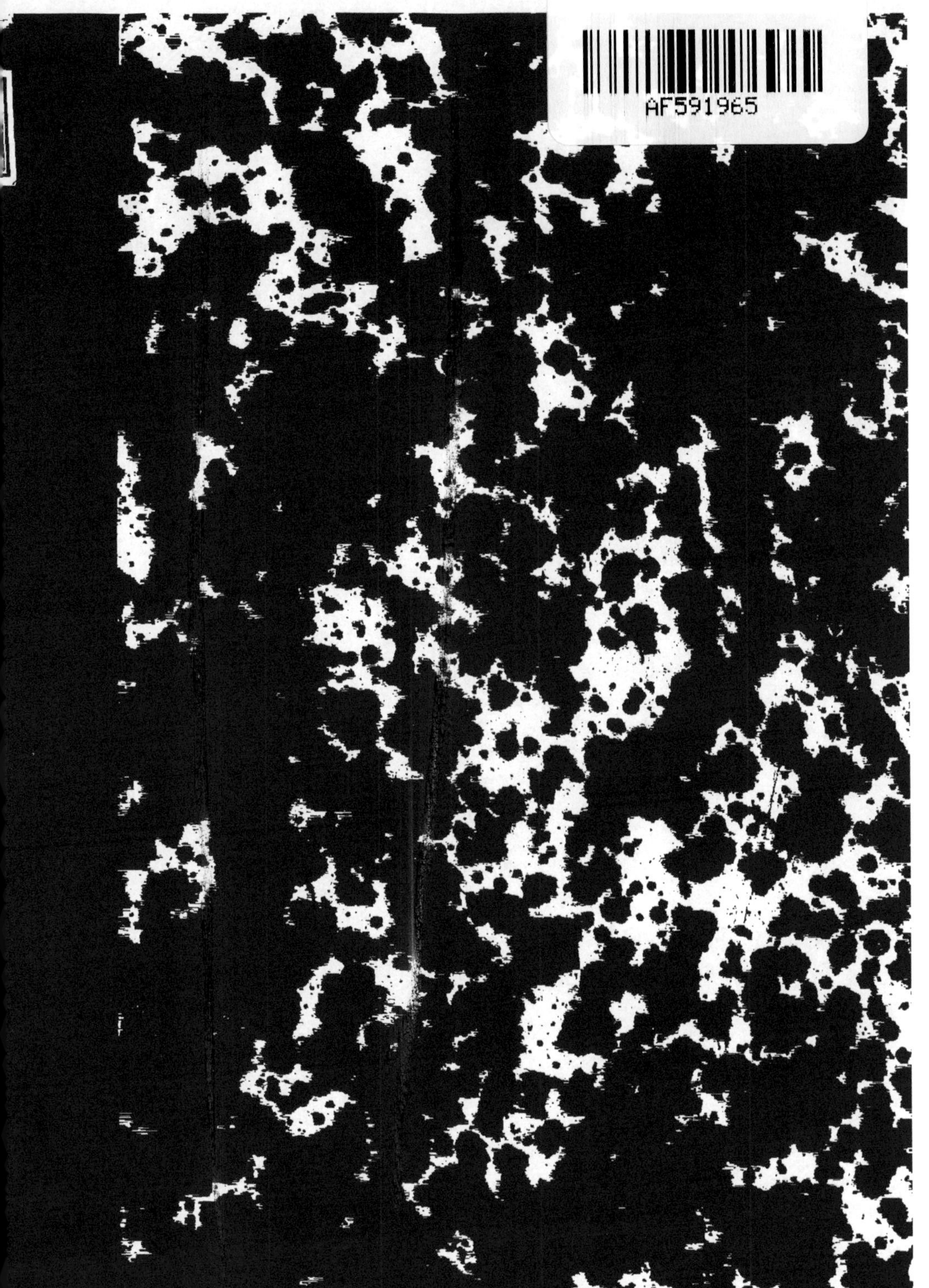
AF591965

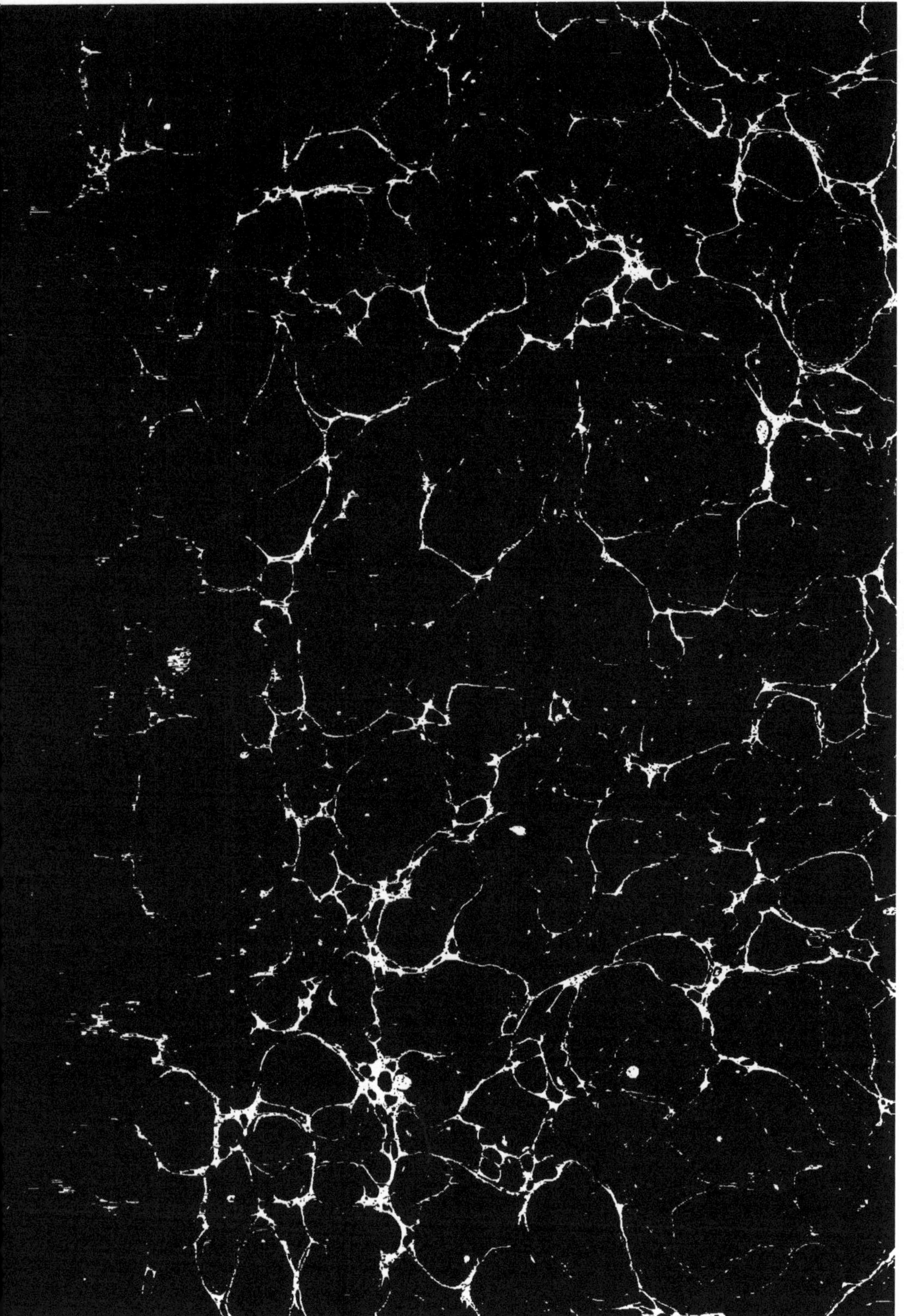

V

LANGUE
TÉLÉGRAPHIQUE
UNIVERSELLE.

LANGUE TÉLÉGRAPHIQUE UNIVERSELLE.

CODE DE SIGNAUX

ADOPTÉ PAR LES MARINES MARCHANDES

DE FRANCE ET D'ANGLETERRE,

ET TRANSMIS PAR ORDRE DES DEUX GOUVERNEMENS
AUX OFFICIERS DES DEUX MARINES ROYALES,
POUR SERVIR A LEURS COMMUNICATIONS AVEC LES NAVIRES MARCHANDS.

NOUVELLE ÉDITION.

CORRIGÉE ET CONSIDÉRABLEMENT AUGMENTÉE

RÉDIGÉE PAR

M. LUSCOMBE,

AGENT DE LLOYDS

POUR LES PORTS DE LA SEINE ET DÉPENDANCES,

AU HAVRE.

Paris,

IMPRIMERIE DE LIREUX PÈRE, RUE SAINTE-ANNE, N. 55,
QUARTIER DU PALAIS-ROYAL.

—

1840

INTRODUCTION.

Les avantages que la Navigation devrait recueillir d'un système uniforme de communication pour les Navires des principales Nations Maritimes ont depuis long-temps été aperçus ; l'importance en a été sentie et a excité l'attention des Savans.

Les hommes instruits manifestaient généralement leurs vœux pour la création de ce système, lorsqu'il y a quelques années, il parut en Angleterre un Code de Signaux, par M. le capitaine de vaisseau Marryatt, que l'on reconnut propre à servir de base à une pareille institution.

L'accueil distingué que cet ouvrage intéressant y reçut ne se borna point à de stériles applaudissemens ; l'adoption du Code par la Marine marchande de l'Angleterre fut encouragée, non-seulement par le Gouvernement, mais encore par les grandes Compagnies de Commerce de la Capitale, et plus particulièrement par l'établissement important de L'loyd's, toujours empressé d'offrir son appui à l'exécution des projets favorables aux intérêts commerciaux.

Aidé de secours aussi puissans et favorisé de protections aussi importantes, le Code anglais est devenu d'un usage général. Les navires marchands communiquent maintenant entre eux à de très-grandes distances ; des postes de signaux ayant été établis le long des côtes de l'Angleterre et de ses Colonies les plus lointaines, les rapports avec la terre deviennent très-faciles. Enfin, le Gouvernement a aussi pourvu les vaisseaux de guerre du même Code, pour les mettre en état de correspondre avec les navires marchands, de les protéger et de les secourir.

Les immenses avantages dont jouissent les Anglais par l'adoption de ce système dans leur marine ont fait naître vivement le désir que les autres peuples maritimes puissent les partager. Mus par ce sentiment, nous avons entrepris d'étendre, à la Navigation en général, le bienfait jusqu'à présent réservé à la seule Angleterre.

Quelque hardi que soit ce projet, l'ouvrage que nous présentons à la Marine Française renferme (nous osons l'espérer), en lui-même, la preuve que nous ne nous sommes pas abusés dans nos espérances, et que nous avons réussi à établir entre les Marines Française et Anglaise des moyens de communication clairs et intelligibles au premier aperçu, *et susceptibles d'être adaptés, à l'aide de notre système, à toutes les Nations.* C'est ce qui lui a valu l'éminente protection de S. E. le Ministre de la Marine, qui a daigné exprimer la persuasion « QUE SON ADOPTION GÉNÉRALE PROCURERAIT DES AVANTAGES » RÉELS A LA NAVIGATION, ET QUI MÊME A TÉMOIGNÉ LE DÉSIR QU'IL PUT ÊTRE » ACCUEILLI PAR LES CHAMBRES DE COMMERCE DES PRINCIPALES VILLES MARITIMES » DE LA FRANCE » : désir auquel ces Chambres ont parfaitement répondu, et qui a été vivement ressenti par les principales autorités, ainsi que par ceux que la science compte au nombre des hommes les plus distingués et les plus honorables de ce pays.

Le travail auquel il a fallu nous livrer, n'était pas sans difficultés ; *le moyen d'adapter un même système de signaux à des langues différentes* en présentait de presques insurmontables, et quoique soutenus par la longue et courageuse patience qu'inspire le désir de faire le bien en se rendant utiles, nous n'aurions pas réussi sans l'aide des hommes instruits qui se sont empressés de nous accorder le bienveillant appui de leurs talens.

L'hommage dû à la vérité et la reconnaissance la plus sincère, nous oblige ici de déclarer que nous n'aurions point rempli notre vœu sans le secours, vainqueur de tous les obstacles, d'un personnage dont le nom s'attache aux sciences, et en état, par sa longue expérience et sa vaste instruction, d'apercevoir et de calculer, dans l'intérêt de l'humanité en général, les précieux avantages que nous n'aurions pu que pressentir : faisant trève à ses importans et laborieux devoirs, M. le Chevalier de ROSSEL, Contre-Amiral, Membre de l'Institut Royal et du Bureau des longitudes, Directeur-Général au dépôt des Cartes et plans de la Marine, a bien voulu consacrer un temps dévoué aux sciences, au perfectionnement de notre travail; et c'est à ses soins généreux que nous devons entièrement l'accomplissement de la Partie IV du Code. Qu'il nous soit permis de consigner ici, dans l'intérêt du système même, un fait qui sera regardé comme une preuve incontestable de ses avantages, c'est qu'avant d'avoir eu connaissance de notre travail, M. de ROSSEL avait déjà conçu l'idée d'adapter une partie du Code qui nous a servi de base, à l'usage de la Marine royale Française ; mais aussitôt qu'il eût reconnu que notre dessein embrassait tout ce qu'il avait désiré, plus jaloux de voir la Marine jouir le plus promptement possible de ses avantages, que de réclamer pour lui-même le mérite qui pourrait résulter de l'avoir fait adopter, il n'a pas balancé de prodiguer, en notre faveur, ses talens au perfectionnement du système qui avait déjà fixé ses regards. Nous rendons volontiers à qui il est dû l'éloge que l'entreprise peut obtenir : persuadés qu'un aussi beau zèle et de si nobles intentions auront pour récompense la gratitude du marin, ainsi que de tous ceux qui voient dans l'avancement des lumières l'accroissement du bonheur général.

NOTA. — La Chambre de Commerce du Hâvre s'exprimait comme suit par sa lettre du 22 mars 1822 :

« Nous avons pris connaissance du travail auquel vous vous êtes livrés pour rendre » applicable à la Navigation française le moyen de correspondance, par signaux, déjà » adopté par la Marine militaire et marchande de l'Angleterre; nous ne pouvons » qu'applaudir aux moyens aussi simples qu'ingénieux dont votre ouvrage contient » l'exposition ; nous pensons que l'adoption de ce système sera d'une très-grande utilité » au Commerce maritime, et l'entière conformité des signaux avec ceux employés par les » Anglais, tend, si on peut s'exprimer ainsi, à etablir une *Langue Universelle*, et à rapprocher deux Nations qui ne doivent plus, nous l'espérons, rivaliser que dans les arts » tranquilles de la paix. » (*Voir le nota à la fin.*)

INTRODUCTION.

L'Amiral distingué, qui, après la mort si regrettable de M. de Rossel, succéda à la direction générale des cartes et plans de la Marine, avait souvent éprouvé à la mer, et particulièrement lors de son commandement devant Cadix, les avantages de ce système; il a même bien voulu y suggérer des améliorations importantes que la réimpression permet aujourd'hui de réaliser. Lors de la dernière entrevue que M. le Directeur-Général, le Baron Hamelin accordait à l'auteur, peu de temps avant sa mort, l'Amiral remarqua qu'il avait souvent émis l'avis, et tout récemment dans le conseil, que la bonne intelligence, qui règne entre les deux services de France et de l'Angleterre, avait été facilitée plus d'une fois par l'emploi du moyen de communiquer par signal commun aux deux pays. Ce fut, il est bien permis de le croire, dans des prévisions aussi élevées, que S. E. le Ministre de la Marine, par sa circulaire adressée à MM. les Commissaires de Marine dans les ports, s'est exprimé comme suit, en portant à leur connaissance l adoption sur les bâtimens de l'État de la LANGUE TÉLÉGRAPHIQUE UNIVERSELLE.

« A l'aide de cet ouvrage et des signes qui s'y trouvent » déterminés, les marins français et anglais peuvent établir » entre eux, à la mer, des communications faciles et sûres.

» Les bâtimens, pourvus de cet ouvrage et de ces signes, » pourront porter plus rapidement des secours à des navires » en détresse où en demander eux-mêmes ; ils seront à » portée de donner et de recevoir des indications impor- » tantes sur des écueils à éviter, sur des routes à suivre, » sur lesmouillages, l'entrée des ports, etc., etc.

» Beaucoup de motifs (ajoute son S. E), se réunissaient » pour inviter la Marine française à adopter un système » déjà pratiqué en Angleterre, et que dans un grand nombre » de circonstances peut avoir les résultats les plus utiles » pour l'humanité, pour le commerce, et pour les naviga- » teurs en général *

» Je viens, en conséquence, de donner des ordres dans » les cinq ports militaires, pour que les commandans des » bâtimens du Roi fussent successivement pourvus de l'ou- » vrage et des signes dont il s'agit, et je vous charge d'en » informer la chambre du commerce. »

Ce sont sous de tels auspices qu'un grand nombre d'armateurs de nos principaux ports ont mis leurs navires en rapport à la mer, soit avec ceux de leur nation, soit avec la presque totalité de la marine nombreuse anglaise, ainsi qu'avec les vigies établies sur les principaux points du Globe. Dans

---

NOTA. — *Voir à la fin de partie IV, extrait d'une lettre du capitaine Frietz, commandant le navire Anthime du Hâvre.*

l'Inde comme sur les côtes de la Nouvelle-Hollande, à Liverpool et Hollyhead comme au Hâvre et ses hauteurs, le navire communique ou reçoit, à l'aide de ces signaux, les avis importans.

Les marines militaires de France et d'Angleterre, plusieurs milliers de navires marchands parlent ce langage; cette création de ressources nouvelles qui agrandit l'industrie ne se borne point à la communication des navires d'une seule nation entre eux, les mêmes rapports, les relations s'établissent avec la terre où un prompt signal peut, au besoin, invoquer des secours et arracher au péril la riche cargaison ainsi que les hommes prêts à périr. Cette langue figurée s'adresse à tous les yeux, parle à toutes les intelligences, se répand et s'étend dans toutes directions; elle subsiste ou peut subsister entre toutes les nations maritimes; entre les navires qui se trouvent dans le voisinage d'une côte hospitaliére, et vice versâ entre cette côte et le marin qui s'en approche avec inquiétude, avide d'obtenir réponse sur les demandes qu'il va faire; à l'aide de laquelle, à une distance de plusieurs lieues, les navigateurs de pays et langues diverses construisent à volonté toutes sortes de phrases, conversent et s'entendent, se questionnent et se répondent, s'annoncent des nouvelles intéressantes de leurs voyages, indiquent la composition de leurs chargemens, les noms de leurs consignataires, se disent, enfin, tout ce qu'ils se diraient s'ils se parlaient à la portée de la voix. Il serait superflu de chercher à faire valoir, par les exemples journaliers qu'on pourrait mettre sous es yeux, les inappréciables avantages d'une telle institution, le plus simple raisonnement suffit pour les faire apercevoir; l'exposer, c'est la démontrer, et ce serait peut-être la déprécier que de chercher à en exalter le merite.

NOTA. — Près de vingt ans se sont écoulés depuis le premier établissement des **SIGNAUX TÉLÉGRAPHIQUES** sur la **TOUR FRANÇOIS I**[er] au **HAVRE** correspondant avec les vigies de **BLÉVILLE** et de la Hève —Chaque jour, et aussitôt qu'elles sont signalées, des bulletins publiés à la Bourse annoncent des nouvelles de la mer, l'empressement de toutes les classes, avides de ces avis témoigne de l'intérêt qui s'y rattache; des services publics en profitent.

A l'aide de ces signaux, les variations de la marée établies avec précision à la tour, de jour comme de nuit, sont transmises à la Hève, et de cette hauteur aux navires au large, indications d'après lesquelles le pilote se dirige; c'est ainsi qu'il apprend l'élévation actuelle de l'eau au port, comme aussi celle de la marée précédente, renseignement important en l'absence duquel il n'oserait pas, bien souvent, et surtout par des mortes eaux, attaquer le port — de même, étant dans l'incertitude, il tiendrait la mer quelquefois lorsqu'il peut entrer le navire.

Familiarisé depuis long-temps avec l'usage de ces signaux, le pilote du Havre aussitôt monté à bord est à même de recevoir de la terre comme aussi d'y communiquer des avis intéressans (quand même le navire ne se trouve pas muni de la série de signaux à l'aide d'une instruction spécialement adaptée à son service, et dont il est tenu d'après l'article 36, page 13 du **RÉGLEMENT** sur le **PILOTAGE** du 1er arrondissement maritime et d'être constamment nanti, ainsi que du pavillon distinctif qu'elle prescrit.

Frappée de ces avantages pour la navigation, la **CHAMBRE** de **COMMERCE** de **BORDEAUX** sollicitait du gouvernement « *son approbation pour la mise à exécution du même systême » et l'établissement d'une* **LIGNE DE SIGNAUX TÉLÉGRAPHIQUES** entre **BORDEAUX** et le bas » de la **RIVIÈRE**. » Ce vœu fut accueilli; et si cette ville principale attend encore la réalisation, sur les bords de la Gironde, d'une institution dont les nombreux avantages furent consignés dans un mémoire remarquable adressé par la Chambre de Commerce à L.L. E.E. les Ministres de la Marine et de l'Intérieur, les armateurs de Bordeaux se sont toujours empressés de munir leurs navires des moyens de correspondre par signaux, d'aprés notre systême, soit avec les vigies à terre, soit avec les batimens nationaux ou anglais à la mer — Confirmant ainsi cette opinion manifestée par les organes distingués du commerce « **DES AVANTAGES RÉELS QUE L'ADOPTION GÉNÉRALE DE CE SYSTÊME DE » SIGNAUX MARITIMES PROCURERAIT A LA NAVIGATION.** »

EXPLICATION DU SYSTÈME.

Le systéme de ces signaux est absolument le même que celui en usage depuis trés-long-temps dans les marines militaires de France et d'Angleterre, c'est-à-dire qu'il est conforme au système de la numération où chaque signe représente un chiffre, et peut avoir différentes valeurs suivant la place qu'il occupe, par rapport aux autres chiffres qui concourent à l'expression du même nombre.

Il s'en suit qu'à l'aide des dix signes, figurés au tableau n° 1, représentant les dix chiffres arithmétiques, on peut, par leur transposition, exprimer tout numéro, et c'est par des numéros ainsi figurés (*voir exemple au tableau n°* 3), que se traduisent les contenus du Code télégraphique. Mais l'innovation dont il s'agit consiste dans l'application d'un même système de signaux à la navigation française et anglaise, à l'aide duquel les navires de ces nations (*et par l'adoption du même principe, ceux des autres peuples maritimes*) puissent s'entendre à la mer, ainsi qu'avec des stations de signaux télégraphiques établies sur les principaux points du globe. Il est évident que les signes, étant indépendans des langues, sont susceptibles d'exprimer les mêmes idées dans les langages différens de chaque peuple ; ainsi, par exemple, le mot *bon*, ou tout autre (voir l'Index à la partie VI), représenté par le numéro 3251, s'exprime également par le même numéro dans le Code anglais, auquel ce Code est exactement conforme ; *il en est de même* de chaque mot, chaque phrase, chaque nom de navire, port, cap ; enfin, le Code en entier, se rendant dans les deux langues par les mêmes chiffres, établit ainsi une langue commune aux navires français et anglais qui pourront se rencontrer à la mer.

Toutefois, il suffit d'examiner l'ordre des mots dont se compose la sixième partie du Code, pour se convaincre de l'impossibilité d'établir entre des peuples de langue diverse une correspondance complète, au moyen de la simple traduction d'un système quelconque de signaux. Deux conditions s'y opposent ; ce sont : 1° la nécessité de maintenir l'ordre alphabétique des mots dont se composent les vocabulaires, *afin de pouvoir rechercher ceux dont on pourrait avoir besoin pour les transmettre par signaux* ; 2° la nécessité, non moins absolue, de ne pas s'écarter de l'ordre régulier de la numération, *afin de pouvoir retrouver le numéro qu'on vous signale.*

Pour ne pas avoir à surmonter un tel obtacle il eût fallu que la lettre initiale des mots dont se composent les langues différentes (comme, par exemple, les langues française et anglaise) fût identique, ce qui n'est pas.

Nous avons adopté un moyen qui a paru, si non aplanir entièrement cette difficulté du moins y pourvoir ; il consiste dans l'emploi d'un index qui relate mot par mot, et par ordre alphabétique, tout le contenu de la sixième partie rédigée, comme on le voit, *par ordre de numéro*, afin qu'en se référant à l'index, ou partie alphabétique de la sixième partie, *on puisse trouver sous la main le mot qu'on veut signaler ;* de même, en consultant la partie VI (à laquelle cet index se réfère), *on y trouvera, avec une facilité égale, le numéro qu'on signale.* Il a donc fallu recourir à un moyen complexe pour arriver à composer une langue de signaux commune aux navigateurs de tous les pays ; toutefois, l'expérience faite pendant plusieurs années par les marines militaires et marchandes de la France et de l'Angleterre ayant démontré que l'innovation qui nous occupe est d'un emploi facile, il est permis d'espérer que les autres nations maritimes, s'empresseront de faire l'application d'un principe, qui semble devoir réaliser UN SYSTÈME UNIFORME DE SIGNAUX, SUSCEPTIBLE D'EXPRIMER LES MÊMES IDÉES DANS LES LANGAGES DIFFÉRENS DE TOUS LES PEUPLES.

Ce Code se divise en six parties :

1° Un état général de la Marine militaire de France ainsi que d'Angleterre ;
2° Une liste de plusieurs milliers de vaisseaux marchands français, anglais et autres;
3° Une liste de ports, caps, rochers, etc.
4° Un choix très-étendu de phrases où se trouvent réunies les communications les plus usuelles entre navires se rencontrant à la mer, ou bien propres à leur faciliter des rapports importans avec la terre.
5° Un premier vocabulaire comprenant les termes de marine, les signaux de boussole, les approvisionnemens du navire, et enfin les verbes auxiliaires;
6° Un deuxième vocabulaire qui se compose de l'alphabet et de plusieurs milliers des mots les plus usités pour toute correspondance maritime et commerciale, *y joint un supplément très-étendu.* (Voir *Avis essentiel* en tête de ce supplément.)

Un index arrangé par ordre alphabétique se joint aux IVe Ve et VIe parties.

L'alphabet est introduit afin de donner le moyen de composer les noms de personnes, navires, etc.; ou enfin, des mots qui peuvent manquer, et dont on peut avoir besoin.

Les numéros où le même chiffre se trouve répété, comme dans 667, 988, ont été omis partout dans ce système, afin d'éviter la nécessité d'y substituer un autre pavillon ou flamme. Il n'existe que certains cas où leur emploi pourrait devenir nécessaire; c'est lorsqu'on voudrait indiquer la latitude ou longitude, ou faire toute autre communication *purement numérique* dans laquelle les mêmes chiffres devraient être répétés; dans ces cas, on se servira de la première flamme distinctive hissée au-dessous du signe qui représente le chiffre qui doit être répété. (*Voir nota à la fin.*)

Ainsi, on voit que le système repose sur les dix signes qui représentent les dix chiffres d'arithmétique; mais, pour le rendre simple et facile dans son application, il a fallu le diviser en plusieurs parties, ce qui nécessite l'addition d'un pavillon ou flamme indicateur de chaque partie du Code dont on a déjà donné la distribution. Une référence au tableau 2 apprendra les pavillons et flammes indicateurs qui ont été adoptés, ainsi que leurs noms respectifs. Voici leur récapitulation :

1° Le pavillon de France ou de l'Angleterre (*suivant la nation à laquelle appartient le vaisseau*), hissé au-dessus du numéro dont le signal se compose, indique la PREMIÈRE partie du Code, et y renvoie pour le nom figuré par ces numéros.
2° Les navires marchands se figurent de la même manière, à l'aide de la flamme blanche percée rouge, hissée au-dessus du numéro ou à la tête de quelque autre mât; cette flamme, qui s'appelle la *première flamme distinctive*, indique qu'il s'agit d'un navire marchand, et renvoie à la DEUXIÈME partie du Code, pour le nom.
3° Le damier bleu et blanc, qui se nomme *pavillon de rendez-vous*, hissé au-dessus du numéro, indique la TROISIÈME partie du Code, et y renvoie pour l'explication du numéro signalé.
4° Les phrases, dont se compose la QUATRIÈME partie du Code, ne sont distinguées par aucun pavillon ou flamme indicateur; ainsi, lorsqu'on voit les signaux composés exclusivement des signes numériques, on saura qu'il faut s'adresser, pour leur explication, à la QUATRIÈME partie, vu que les cinq autres parties sont distinguées chacune par leur pavillon ou flamme respectif.
5° La flamme bleue, percée blanc, qui se nomme la *deuxième flamme distinctive*, indique la CINQUIÈME partie du Code.
6° Le pavillon de télégraphe se place en tête de quelque autre mât, lorsqu'on emploie les numéros de la SIXIÈME partie.

La flamme jaune et bleue s'appelle la *flamme numérique*, elle se place au-dessus du numéro, lorsqu'on veut se borner à l'expression des *chiffres* seulement.

La première flamme, hissée seule, indique l'AFFIRMATIF.

La deuxième flamme, hissée seule, indique le NÉGATIF.

La flamme numérique, hissée seule, marque ATTENTION.

On se sert de cette dernière flamme, hissée seule, pour annoncer que le signal fait est reconnu et bien compris; il ne faut jamais négliger son usage à la suite de chaque signal fait, ni de hisser le second signal avant que le premier ne soit reconnu par cette flamme, ni d'amener jusqu'à ce qu'on voie ce même signal de récognition. Cette règle est de rigueur, et de sa stricte observance dépend entièrement la précision télégraphique.

DE LA MANIÈRE DE SIGNALER.

En parcourant attentivement la table des matières à la fin de la quatrième partie, on s'assure d'abord si la communication qu'on voudrait faire n'a pas été prévue parmi le grand nombre de phrases dont cette section du Code se compose, et alors on évite l'embarras de plusieurs signaux ; si non, on note par écrit, *dans l'ordre indiqué aux exemples ci-bas*, les mots qui entrent dans la composition de la communication à faire ; ensuite on annexe à chaque mot le numéro qui l'exprime, après l'avoir cherché *dans l'index de la partie VI* ; ayant ainsi rédigé la communication, *et de la manière la plus concise*, on signale, numéro par numéro, dans l'ordre écrit; et au fur et mesure que chaque signal a été reconnu par la flamme bleue et jaune (dite d'attention) on l'amène, pour être remplacé ensuite par son suivant; et ainsi de suite, jusqu'à ce que toute la communication se trouve complétée. On remarquera que le même ordre de numéros a été suivi pour les navires français comme pour ceux étrangers, chaque liste commençant par le numéro 1; la vue du pavillon de la nation respective empêchera toute méprise : néanmoins, lorsqu'il s'agit de signaler le nom d'un navire marchand, qui ne se trouve pas classé dans la même liste que le navire qui signale, on doit mettre la flamme indicative de la deuxième partie *à la suite des signes numériques*, au lieu de la hisser en tête ; comme, par exemple, un navire français voudrait-il faire mention d'un navire anglais, il mettrait la flamme n° 1 *inférieure*, et vice versâ.

Le soin d'avoir rappelé en tête de chaque page le pavillon ou flamme qui indique la partie du Code à laquelle le signal se réfère, démontre la nécessité d'y porter la plus exacte attention ; il est de même des notes qui se rattachent aux parties IV et VI *et surtout au supplément de cette dernière section, pour ne pas s'en servir qu'entre navires français seulement, jusqu'au nouvel avis.*

EXEMPLE DE SIGNAUX ENTRE NAVIRES SE RENCONTRANT EN MER.	NUMÉROS des SIGNAUX.	PARTIES DU CODE.
Quel est ce vaisseau?	854	4me partie.
Camelia du Hâvre	584	2me »
D'où venez-vous?	406	4me »
Bourbon	130	3me »
Les hostilités ont commencé entre les nations signalées	590	4me »
Avez-vous vu la terre ?	1087	4me »
Indiquez le temps de Greenwich, d'après votre chronomètre.	1059	4me »
Quelle est votre longitude?	642	4me »
Ma longitude estimée est du nombre de dégrés et minutes signalés.	643	4me partie.
64°	64	flamme numérique
42"	42	
Quelle était votre latitude aujourd'hui à midi.	615	4me »
Nous sommes d'accord dans notre estime	485	» »
Il y a une grande différence dans notre estime.	486	» »
COMMUNICATION TÉLÉGRAPHIQUE. (*Voir tableau* n. 3.)		
Le bâtiment en vue est un ennemi.	504	4me partie.
Le vaisseau du roi la Belle Poule	52	1re »
Le vaisseau de S. M. B. Amazon.	27	1re »
Sont	130	5me »
Au large	3608	6me »
L'Anthime, du Hâvre	253	2me »
A soutenu en fuyant le feu d'un corsaire	512	4me »
A la hauteur de	3604	6me »
Port-au-Prince	730	3me »

Comme chaque partie de ce Code est employée dans les communications télégraphiques qui précèdent, ces exemples suffiront pour donner l'explication complète du système.

On peut communiquer le nombre des dégrés et minutes par un seul signal toutes les fois que le même chiffre *ne se répète pas dans cette double indication, comme par exemple, dans 42 dégrés 54 minutes, et autres analogues; dans ces cas, il est évident que le pavillon 4 étant employé à l'expression des degrés 42, ne reste plus à la disposition du numéro 54 qui figure les minutes.*

Mais dans le cas ou le même chiffre n'entre pas à la fois dans la composition du numéro qui indique les dégrés comme aussi dans celui qui figure les minutes, comme par exemple 41 dégré 25 minutes, on hisse et toujours sur la même drisse, 41-25, *en ayant soin de partager la double indication par la flamme numérique qui trouvera sa place au milieu, entre les pavillons* 1, 2. *Il a été déjà remarqué que la flamme numéro* 1 *sert d'égal à tout lorsqu'on en aura besoin.*

NOTA.—*Il sera imprimé tous les ans un supplément de nouveaux noms de navires marchands; il sera attribué un numéro à tout navire non inscrit, en le faisant connaître* (franco) *à l'établissement télégraphique, au Havre.*

AVIS.

D'après une décision de S. EXC. LE MINISTRE DE LA MARINE, en adoptant ce système dans la MARINE ROYALE DE FRANCE, pour servir aux communications avec les bâtimens marchands, les signes dont les vaisseaux de guerre français font usage, ne diffèrent de ceux dont se servent les bâtimens du commerce, qu'en ce qu'il a paru nécessaire, pour éviter les méprises, de donner aux pavillons 7 et 9, la forme de trapèzes. (*Voir tableau N° 4*)

L'AMIRAUTÉ BRITANNIQUE, en adoptant ce même système, donna ordre à la MARINE ROYALE ANGLAISE de se servir des pavillons et flammes représentés dans le tableau N° 5; en conséquence, les pavillons et flammes y figurés répondent à ceux du Tableau N° 1.

PREMIÈRE PARTIE.

MARINE MILITAIRE FRANÇAISE.

NOMS DES BATIMENS DE GUERRE FRANÇAIS.

LE PAVILLON FRANÇAIS
Doit être hissé au-dessus du numéro.

1 Abeille, 16
2 Abondance, *CC.*
3 Acheron, *B. V.*
4 Achille, 90
5 Actéon, 20
6 Active, *G.*
7 Adonis, 20
8 Adour, *C. C.*
9 Africaine, 40
10 Agate, *C. C.*
12 Aigle d'Or.
13 Ajax, 100
14 Alacrity, 20
15 Alceste, 50
16 Alcibiade, 20
17 Alcmène, 32
18 Alcyone, 10
19 Alerte, 20
20 Alexandre, 90
21 Alger, 80
23 Algésiras, 86
24 Allier, *CC.*
25 Alouette, 4
26 Alsacienne, 4
27 Amazone, 52
28 Andromaque, 60
29 Andromède, 52
30 Annibal, 100
31 Antilope.
32 Ardent.
34 Arethuse, 28
35 Argus, 10
36 Ariane, 32
37 Armide, 46
38 Artémise, 52
39 Asmodée, *B.V.*
40 Astrée, 46
41 Astrolabe.
42 Atalante, 52
43 Aurore, 46
45 Aube, *C. C.*
46
47
48
49
50 Badine, 10
51 Bayard, 90
52 Belle-Poule, 60
53 Belette.
54 Bellone, 46
56 Berceau, 30
57 Bergère, 20
58 Biche.
59 Bisson, 20
60 Blonde, 28
61 Boberach.
62 Bonite, *C. C.*
63 Borda, 10
64 Bordelaise, 4
65 Boulonnaise, 4
67 Boussole, 30
68 Bougainville, 10
69 Brandon, *B. V.*
70 Brestoise.
71 Brillante, 24
72 Bucentaure, 100
73 Bucéphale, *G.*
74
75
76
78
79
80 Calypso, 52
81 Caméléon, *B. V.*
82 Camille, 20
83 Caravanne, *C. C.*
84 Cassard.
85 Castiglione, 90
86 Castor, *B. V.*
87 Cerbère, *B. V.*
89 Cérès, 18
90 Cerf, 10
91 Chamois.
92 Chandernagor, *G.*
93 Charente, *G.*
94 Charte, 40
95 Chimère, *B. V.*
96 Cigale.
97 Cigogne, 10.
98 Circé, 28
102 Cléopâtre, 50
103 Cocyte, *B. V.*
104 Colombe, 4.
105 Comète, 10
106 Commerce, 110.
107 Coquette, 20
108 Cornaline, 30
109 Cornélie, 18
120 Couronne, 80
123 Coursier, *B. V.*
124 Créole, 24
125 Crocodile, *B. V.*
126 Cuirassier, 18
127 Cupidon, 2
128 Cybèle, 28

Nota. — *Les chiffres à droite expriment le nombre des bouches à feu. B. V., bateau à vapeur; C. C., corvette de charge; G., gabarre.*

LE PAVILLON FRANÇAIS

Doit être hissé au-dessus du numéro.

129 Cyclope *B. V.*
130 Cygne, 20
132
134
135
136 Danaé, 50
137 Danaïde, 28
138 Daphné.
139 D'Assas, 20
140 Diadème, 86
142 Didon, 60
143 Diligente, 18
145 Diomede, 90
146 Dorade.
147 Dordogne, *C. C.*
148 Dore, *G.*
149 Doris.
150 Dragon, 18
152 Dromadaire.
153 Duchesse d'Orléans, 60
154 Ducouëdic, 20
156 Duguay-Trouin, 100
157 Duguesclin, 90
158 Dunois, 10
159 Dupetit Thouars, 10
160
162
163
164 Echo, 20
165 Eclair, *B. V.*
167 Eclipse. 10
168 Ecureuil.
169 Egérie, *C. C.*
170 Eglé, 18
172 Eglantine, 4
173 Embuscade, 30.
174 Emeraude.
175 Emulation, *G.*
176 Encelade, 4
178 Endymion, 18
179 Entreprenante, 60
180 Eole, 100
182 Eperlan,
183 Epervier,
184 Erèbe, *B. V.*
185 Erigone, 46
186 Espérance.
187 Espiègle.
189 Etna, *B. V.*
190 Etoile.
192 Euphrate, *B. V.*
193 Euryale, 16
194 Expéditive, *G.*
195
196
197
198 Fabert, 10
201 Faucon, 20
203 Favorite, 24
204 Fine.
205 Flambeau, *B. V.*
206 Flèche, 10
207 Fleurus, 100
208 Flore, 46
209 Fontenoy, 90
210 Forte, 60
213
214 Fortune, *C. C.*
215 Friedland, 120
216 Fulton, *B. V.*
217 Fury.
218
219
230 Gassendi, *B. V.*
231 Généreux, 80
234 Giraffe, *G.*
235 Gloire, 52
236 Goeland, *Cotre.*
237 Gomère, *B. V.*
238 Grégois, *B. V.*
239 Grenadier, 20
240 Griffon, 20
241 Grondeur, *B. V.*
243 Guerrière, 58
245
246
247
248 Hécla, *G.*
249 Hector, 90
250 Héliopolis, 40
251 Henri IV, 100
253 Hercule, 100
254 Hermine, 60
256 Hermione, 46
257 Héroïne, 32
258 Hussard, 20
259
260
261 Inconstant, 16
263 Indépendante, 60
264 Indienne, *G.*
265 Infernal, *B. V.*
267 Inflexible, 90
268 Iphigénie, 60
269 Iris, *C. C.*
270 Isère, 6
271
273
274
275 Jacinte, 2
276 Jeanne d'Arc, 40
278 Jemmapes, 100
279 Jéna, 90
280 Joubert
281 Junon, 46
283 Jupiter, 86
284
285
286 Lamproie.
287 Lancier, 18
289 Lapeyrouse, 20
290 Laurier, 10
291 Lavoisier, *B. V.*
293 Légère.
294 Leverette.
295 Lévrier.
296 Lézard, *G.*
297 Liamone.
298 Licorne, 6
301 Lionne, *G.*
302 Loiret, *G.*
304 Louis XIV, 120
305 Lutin, 10
306
307

LE PAVILLON FRANÇAIS

Doit être hissé au-dessus du numéro.

308
309 Magicienne, 46
310 Mahé, *G.*
312 Majestueux, 120
314 Malouine, 4
315 Marengo, 80.
316 Marne, *C. C.*
317 Mayenne, *G.*
318 Médée, 46
319 Méléagre, 20
320 Melpomène, 60
321 Ménagère, *G.*
324 Mésange,
325 Météore, *B. V.*
326 Meurthe, *C. C.*
327
328
329 Nàyade, 24
340 Navarin, 100
341 Némésis, 50
342 Neptune, 86
345 Néreïde, 52
346 Nestor, 80
347 Niobé, 50
348 Nisus, 20
349
350
351
352 Océan, 120
354 Oise, *C. C.*
356 Oreste, 20
357 Orithie, 18
358
359
360 Palinure, 20
361 Pallas, 58
362 Pandore, 50
364 Papin, *B. V.*
365 Passe Partout.
367 Pénélope, 40
368 Perdrix, *G.*
369 Perle, 18
370 Persévérante, 60
371 Phaéton, *B. V.*
372 Phare, *B. V.*
374 Pluton, *B. V.*
375 Pluvier.
376 Poursuivante, 50
378 Prévoyante, *G.*
379 Proserpine, 46
380 Provençale, *G.*
381 Pylade.
382
384
385
386 Railleuse, 10
387 Ramier, *B. V.*
389 Recherche, *G.*
390 Reine-Blanche, 50
391 Renard.
392 Renommée, 60
394 Rhin, *C. C.*
395 Rhinocéros, *G.*
396 Robuste, *G.*
397 Rodeur.
398 Rose.
401
402
403 Sabine, 30
405 Santi-Pétri, 86
406 Sapho, 32
407 Sarcelle, *G.*
408 Saumon, *G.*
409 Sceptre, 90
410 Scipion, 80
412 Semillante, 60
413 Sémiramis, 60
415 Sentinelle.
416 Syrène, 52
417 Somme, *C. C.*
418 Souverain, 120
419 Sphynx, *B. V.*
420 Styx, *B. V.*
421 Suffren, 90
423 Surprise, 10
425 Surveillante, 60
426 Sybille, 50
427 Sylphe, 10
428
429
430
431 Tactique.
432 Tage, 100
435 Tarn, *C. C.*
436 Tartare, *B. V.*
437 Ténare, *B. V.*
438 Terpsichore, 60
439 Thétis, 46
450 Thisbé, 32
451 Tonnerre, *B. V.*
452 Toulonnaise.
453 Trident, 80
456 Triomphante, 24
457 Triton, 80
458 Turenne, 100
459
460
461 Ulm, 100
462 Uranie, 60
463 Valmy, 120
465 Vautour, *B. V.*
467 Véloce, *B. V.*
468 Vengeance, 60
469 Vénus, 52
470 Vésuve, *G.*
471 Victoire, 46
472 Victorieuse, 28
473 Vidette.
475 Vigie.
476 Vigilant.
478 Ville de Marseille, 80
479 Ville de Paris, 120
480 Volage, 10
481 Volcan, *B. V.*
482 Voltigeur, 20
483
485
486
487 Zébrée.
489 Zélée.
490 Zénobie, 50

MARINE MILITAIRE BRITANNIQUE.

NOMS DES BATIMENS DE GUERRE ANGLAIS.

LE PAVILLON ANGLAIS

Doit être hissé au-dessus du numéro.

1 Actéon, 26
2 Achéron, *Steamer.*
3 Acorn, 18
4 Africaine, 46
5 Adventure, 6
6 Achille, 78
7 Æolus, 46
8 Active, 46
9 Ætna,
10 African, *Steamer.*
12 Agincourt, 74
13 Aigle, 42
14 Ajax, 74
15 Alban, 10
16 Adder, *Steamer.*
17 Algiers, 110
18 Alligator, 28
19 Alert, 18
20 Advice, *Steamer.*
21 Akbar, 50
23 Alban, *Steamer.*
24 Algérine, 10
25 Alacrity, 10
26 Albatross, 16
27 Amazon, 46
28 Alfred, 50
29 America, 50
30 Amphion, 36
31 Amphitrite, 46
32 Andromache, 28
34 Anson, 74
35 Antelope, 50
36 Apollo, *Yacht.*
37 Arab, 16
38 Arachné, 16
39 Andromeda, 46
40 Apollo, 46
41 Arethusa, 46
42 Ariel, *Steamer.*
43
45 Ariadne, 26
46 Armada, 74
47
48 Arrow, 10 *cotre.*
49 Asia, 84
50 Asp, *Steamer.*
51 Astrea, 6
52
53 Aurora, 46
54 Athol, 28
56 Avon, *Steamer.*
57
58
59
60 Bacchante, 46
61
62 Badger, 10
63
64 Basilisk, *Cotre.*
65 Barham, 48
67 Barrosa, 42
68
69 Bathurst (*Sloop*). 4
70
71
72 Beaver, *Steamer.*
73 Belvidera, 42
74 Belleisle, 74
75 Benbow, 74
76 Beacon, 8
78 Beagle, 10
79 Bellerophon, 80
80 Bittern, 16
81 Black-Prince, 74
82 Blanche, 46
83 Blenheim, 74
84 Blonde, 46
85 Blossom, 26
86 Boadicea, 46
87 Briseïs, 6
89 Bellona, 74
90 Boscawen, 70
91 Blake, 74
92 Blazer, *Steamer.*
93 Brazen, 26
94 Bramble, 10
95 Brilliant, 42
96 Brisk, *Sloop*, 3
97 Britannia, 120
98 Britomart, 10
102 Briton, 46
103 Brune, 22
104 Boxer, *Steamer.*
105 Bustard, 10
106 Buffalo, 16
107 Bulwark, 76
108 Burlington, 42
109 Bombay, 84
120 Bonetta, 3
123 Buzzard, 3
124 Carysfort, 26
125 Cadmus, 10
126 Calcutta, 84
127 Caledonia, 120
128 Calliope, 28
129 Calypso, 18
130 Cambrian, 48
132 Cambridge, 80
134
135 Cameleon, 10
136 Camperdown, 106

Nota. — *Bien que le même ordre de numération que celui qui indique les noms de navires de guerre français ait été suivi, toute méprise sera évitée à la vue du pavillon national respectif.*

LE PAVILLON ANGLAIS

Doit être hissé au-dessus du numéro.

137
138
139 Canopus, 84
140 Captain, 106
142 Carnatic, 74
143
145 Carron, 10 *St.*
146
147 Castor, 36
148 Cerberus, 46
149 Charybdis, 3
150
152 Ceylon,
153
154 Charon, *Steamer.*
156 Chanticleer, 2
157 Charwell, *Sloop.*, 12
158 Champion, 18
159 Chatham, 74
160 Cherokee, 10
162 Chesapeake, 36
163 Chichester, 52
164 Childers, 6
165 Cleopatra, 26
167 Circe, 46
168 Clarence, 84
169 Clinker, 12
170 Clio, 18
172
173 Columbia, 2
174 Colombine, 18
175 Clyde, 46
176 Confiance, *Steamer.*
178 Confiance, 10
179 Conflict,
180 Comet, *Steamer.*
182 Cockatrice, 6
183 Conquestador, 50
184
185 Conway, 28
186
187 Cornwall, 50
189 Cornwallis, 74
190 Coromandel, *Steam.*
192

193 Cracker, *Cotre.*
194 Creole, 26
195 Crescent, 46
196
197 Cruizer, 6
198 Crocodile, 28
201 Cumberland, 70
203 Curaçoa, 42
204 Curlew, 18
205
206 Collingwood, 80
207
208 Comus, 18
209 Constance, 36
210 Coquette, 18
213 Cyclops, *Steamer.*
214 Dœdalus, 46
215 Daphne, 18
216 Dartmouth, 42
217 Dasher, *Steamer.*
218 Dart.
219
230 Dee, *Steamer*, 4
231 Defence, 74
234 Delight, 10
235
236
237 Devonshire, 74
238
239 Diana, 46
240
241 Dido, 28
243
245 Dolphin, 3
246 Donegal, 78
247
248
249
250
251
253
254
256 Dreadnought, 104
257 Dryad, 40
258 Dublin, 48

259 Duncan, 74
260
261
263 Druid, 46
264
265 Eagle, 50
267 Echo, *Steamer.*
268
269
270 Edinburg, 74
271 Egeria, 24
273 Egmont 74
274 Eclipse, 6
275
276 Electra, 18
278 Elk, 16
279 Emerald,
280 Emulous, 6
281 Endymion, 50
283 Erebus, *Bombard.*
284
285
286
287
289 Espoir, 10
290 Ethalion, 42
291 Euphrates 46
293 Eurotas, 46
294 Euryalus, 42
295
296 Excellent, 58
297
298
301 Express, *Patache.*
302 Fair Rosamond, 3
304 Fairy, 10
305 Fantome, 16
306 Falcon, 10.
307 Favorite, 18
308 Firebrand, *St.*, 6
309 Firefly, *Steamer.*
310 Flora, 36
312 Ferret, 10
314 Fishgard, 46
315 Flamer, 12

LE PAVILLON ANGLAIS

Doit être hissé au-dessus du numéro.

316 Flamer, *Steamer*, 6
317 Fly, 18
318 Forrester, 3
319 Formidable, 84
320 Forte, 44
321 Forth, 46
324
325 Fox, 46
326 Frolic, 10
327
328 Foudroyant, 80
329 Fury, *Steamer*.
340 Galatea, 42
341 Ganges, 84
342 Gannet, 18
345 Ganymede, 26
346
347 Genoa, 78
348
349
350
351
352 Gleaner, *Steamer*.
354
356
357 Gloucester, 50
358 Goldfinch, 6
359 Goliath, 80
360
361 Gorgon, *Steamer*.
362
364 Grecian, 16
365 Griffon, 3
367 Griper, 2
368
369
370
371 Hamadryad, 46
372
374
375 Harlequin, 18
376 Harpy 10
378 Harrier, 18
379
380 Havannah, 42

381 Havoc, 12
382 Hawke, 74
384 Hastings, 74
385 Hazard, 18
386 Hebe 46
387 Hecate, *Steamer*.
389 Hecla, *Steamer*.
390
391 Herald, 28
392 Hercules, 74
394 Hermes, *Steamer*.
395 Heron, 16
396
397 Hope, 10
398 Hibernia, 120
401 Hind, 20
402 Hindostan, 80
403 Hogue, 74
405 Horatio, 46
406 Hotspur, 46
407 Howe, 120
408 Huron, *Goelette*.
409 Hussar, 46
410 Hyacinth, 18
412
413 Hornet, 6
415
416
417 Hydra, *Steamer*.
418
419
420 Icarus, 10
421 Illustrious, 74
423
425 Imaun, 74
426 Implacable, 74
427 Impregnable, 104
428 Inconstant, 36
429 Indus, 80
430
431 Imogene, 28
432
435 Iris, 26
436 Investigator, 2
437 Invincible, 74

438 Iphigénia, 42
439 Isis, 59
450
451
452 Jaseur, 16
453 Jasper, *Steamer*.
456 Java, 52
457
458 Juno, 26
459 Jupiter, 38
460
461
462
463 Kent, 78
465
467 Kingfisher, 10
468
469 Kite, *Steamer*.
470
471 Linnet,
472 Lancaster, 52
473 Lapwing, 28
475 Larne, 18
476 Latona, 46
478 Lavinia, 48
479 Laurel, 46
480
481 Leda, 46
482 Lark, 4
483 Leonidas, 46
485 Lily, 16
486 Leven, 24
487 Leveret, 10
489
490 Lively, 46
491 Lightning, *Steamer*.
492 Lion, 64
493 Liberty, 16
495 Lucifer, *Stermer*.
496 Lyra, 6
497 London, 92
498 Lynx, 3
501 Madagascar, 46
502 Meander, 46
503 Magicienne, 24

LE PAVILLON ANGLAIS

Doit être hissé au-dessus du numéro.

504 Magnet, 6
506 Magnificent, 74
507 Maidstone, 42
508 Malabar, 74
509 Malta, 84
510
512
513 Magpie, 5
514
516
517 Mastiff, 6
518
519 Medway, 74
520 Melampus, 46
521 Melville, 74
523 Menai, 26
524 Menelaus, 46
526
527 Mersey, 26
528 Medea, *Steamer.*
529 Minden, 74
530 Minerva, 46
531 Minotaur, 74
532 Milford, 80
534 Mœgera, *Steamer.*
536 Monmouth, 64
537 Mercury, 46
538 Mermaid, 46
539 Medusa, *Steamer.*
540 Merlin, *Steamer.*
541 Mulgrave, 74
542 Messenger, *Steam.* 1
543 Mutine, 6
546 Musquito, 10
547
548
549 Meteor, *Steamer*, 2
560 Monarch, 84
561 Modeste, 18
562 Naïad, 46
563
564 Neptune, 120
567 Nautilus, 10
568 Nelson, 120
569 Nemesis, 46
570 Nereus 46,
571 Netley, 10
572
573
574 Niagara, 20
576 Nile, 92
578 Nimrod, 20
579 Nightingale, 6
580
581
582 Northstar, 28
583 Northumberland, 78
584 Nymphe, 46
586
587
589
590 Ocean, 80
591
592
593 Onyx, 10
594 Opossum, 4
596
597 Orestes, 18
598
501 Otter, *Steamer.*
602 Owen Glendower, 42
603
604
605 Partridge, 10
607 Pallas, 42
608 Pandora, 18
609
610 Pearl, 20
612 Pelican, 16
613 Pelorus, 16
614 Pelter, 12
615 Pembroke, 74
617 Penquin,
618 Persian, 16
619
620
621 Peterel, 18
623
624
625 Perseus, 22
627 Penelope, 46
628 Phœbe, 42
629
630 Philomel,
631
632 Pilot, 18
634
635 Pique, 36
637 Pitt, 78
638 Plover, 26
639
640 Powerful, 84
641
642 Poictiers, 74
643
645
647 Portland, 52
648 Pickle (*Goel.*), 5
649 President, 52
650 Pincher (*Goel.*), 5
651
652 Prince, 78
653 Prince-George, 78
654 Prince-Regent, 120
657 Phœnix, *Steamer*, 4
658 P. Charlotte, 110.
659 Procris, 10
670 Pigeon, 4
671
672 Psyche, 32
673 Pyramus, 42
674 Proserpine, 46
675 Prospero, *Steamer.*
678 Pylades, 18
679 Pluto, *Steamer*, 1
680 Plymouth, *Yacht.*
681 Portsmouth, *Yacht.*
682 Queen-Charlotte, 108
683 Quail (*Gotre.*), 4
684 Racehorse, 18
685 Rainbow, 28
687 Raleigh, 18
689 Ramillies, 74
690 Redwing, *Steamer.*
691 Redbreast, 12

LE PAVILLON ANGLAIS

Doit être hissé au-dessus du numéro.

692 Redoubtable, 74
693
694
695
697 Ranger
698 Resistance, 46
701 Rapid, 10
702 Revenge, 76
703
704 Renard, 6
705 Rhin, 46
706
708
709 Ringdove, 16
710 Reindeer, 6
712 Rattlesnake, 28
713
714 Rodney, 92
715 Rolla, 10
716 Romney, 50
718
719 Royal-Oak, 74
720 Rover, 18
721 Royal-George, 120
723
724 Royal-William, 120
725 Royal-George, *Yt.*
726 Rose, 18
728 Russel, 74
729 Roy[l]-Sovereign, 110
730 Royalist, 10
731 Racer, 16
732 Raven, 4
734 Radamanthus, *St.*, 4
735 Royal-Adelaide, 104
736 Roy[l]-Frederick, 110
738
739
740 St-George, 120
741 St-Vincent, 120
742
743
745 San Joseph, 110
746 Sans-Pareil, 80
748 Salamander, *St.*, 4
749
750 Salsette, 42
751 Samarang, 28
752
753 Sapphire, 28
754 Sappho, 16
756 Saracen, 10
758 Satellite, 18
759 Sea-Flower, 4
760
761 Sea-Gull, 6
762
763 Saturn, 58
764 Savage, 10
765 Scorpion, 10
768 Scout, 18
769 Scylla, 16
780 Sea-Horse, 46
781 Sea-Lark, 10
782 Serpent, 16
783 Semiramis, 46
784 Skip Jack, 5
785 Seringapatam, 46
786 Sky Lark,
789 Shamrock, 12
790 Shannon, 46
791 Sheldrake, 6
792 Shearwater, *St.*
793 Snake, 16
794 Sirius, 46
795
796 Slaney, 20
798
801 Snapper, 12
802
803
804 Southampton, 52
805 Sparrow, 10
806 Sparrowhawk, 16
807 Spartan, 26
809 Spartiate, 76
810 Squirrel, 16
812 Snipe, 8
813 Spey, 6
814 Sprightly, *St.*
815 Speedy, 8
816 Spider, 6
817 Starling, 10
819 Stag, 46
820 Star, 6
821 Stirling Castle, 74
823 Success, 28
824 Sultan, 74
825
826 Spitfire, *Steamer.*
827 Swift, 6
829 Strombolo, *St.*
830 Superb, 80
831 Surprise, 46
832 Sulphur, 8
834 Swan, 10
835 Swiftsure, 74
836 Swallow, *Steamer.*
837 Sybille, 36
839 Sylph,
840 Sylvia,
841
842
843
845
846
847
849
850 Talavera, 74
851 Tamaar, 26
852 Talbot, 28
853 Tartar, 42
854 Thalia, 46
856
857 Tees, 26
859 Thames, 46
860 Tartarus, *Steamer.*
861 Tenedos, 46
862
863 Temeraire, 104
864 Termagant, 10
865 Terror (*Bombard*).
867 Thisbe, 46
869
870

LE PAVILLON ANGLAIS

Doit être hissé au-dessus du numéro.

871
872
873
874 Thunderer, 84
875
876 Thunder, *Bombard.*
879
890
891 Topaze, 46
892 Tortoise, 18
893 Toronto, *Steamer.*
894
895
896 Trafalgar, 120
897
901 Tremendous, 74
902
903 Tribune, 24
904
905 Trincomalee, 46
906 Trinculo, 16
907 Triumph, 74
908 Tweed, 20
910
912 Tyne, 28
913 Tyrian, 6
914
915
916 Undaunted, 46
917
918 Unité, 42
920 Unicorn, 46
921 Urgent, *Steamer.*
923
924 Vanguard, 80
925
926 Vesuvius, *Steamer.*
927 Vengeance, 84
928 Vernon, 50
930 Venus, 46
931 Venerable, 74
932 Vengeur, 74
934 Vestal, 26
935 Victor, 16
936 Victorious, 74
937 Victory, 104
938 Vigo, 74
940 Vestal, 26
941 Vindictive, 74
942
943 Ville-de-Paris, 112
945 Victoria, 110
946 Volage, 28
947 Volcano, *Steamer.*
948 Viper, 6
950 Worcester, 52
951 Warrior, 74
952 Warspite, 76
953 Wasp, 16
954 Waterloo, 120
956 Wellesley, 74
957 Weazle, 10
958 Weymouth, 16
960 Winchester, 52
961 Windsor Castle, 74
962 Wolf, 18
963 Worcester, 52
964 Wye, 26
965 Wellington, 74
967 William and Mary, *Yacht.*
968 Wanderer, 16
970 Water-Witch, 10
971 Wolverene, 16
972 Zebra, 18
973
974
975
976
978
980
981
982
983
984
985
986

DEUXIÈME PARTIE.

MARINE MARCHANDE.

NOMS DES NAVIRES MARCHANDS FRANÇAIS.

LA PREMIÈRE FLAMME DISTINCTIVE

Doit être hissée au-dessus du numéro, ou sur un autre mât.

1 Abbeville.
2 Abeille.
3
4 Abéona.
5 Abondance.
6
7 Acasta.
8 Accéléré.
9 Accord.
10 Achille.
12 Actéon.
13 Actif.
14 Action.
15 Actionnaire.
16 Active.
17 Activité.
18 Adam.
19 Adamant.
20 Adéla.
21 Adélaïde.
23 Adèle.
24 Adélina.
25 Adeline.
26 Adjoint.
27 Adhémar.
28 Adolphe.
29 » et Fanny.
30 Adonis.
31 Adour.
32 Adriana.
34 Adrien.
35 Adrienne.
36 Affable.
37 » Sophie.
38 Africain.
39 Afrique.
40 Agamemnon.
41 Agathe.
42 Agathée.
43 Agathois.
45 Agenor.
46 Agent.
47 Agile.
48 Agilité.
49 Aglaé.
50 » Delphine.
51 Aglaia.
52 Agnès.
53 Agouty.
54 Aigle.
56 » Mexicaine.
57 Aigrette.
58 Aimable.
59 » Ambroisine.
60 » Amélie.
61 » Anna.
62 » Caroline.
63 » Céleste.
64 » Céline.
65 » Clotilde.
67 » Créole.
68 » Desirée
69 » Elisa.
70 » Elisabeth.
71 » Félix.
72 » Guillemette.
73 » Jenny.
74 » Joséphine.
75 » Julia.
76 » Julie.
78 » Louisa.
79 » Louise.
80 » Lucette.
81 » Magdeleine.
82 » Maria.
83 » Marie.
84 Aimable Mère.
85 » Paulin.
86 » Victoire.
87 Aimée.
89 Ajax.
90 Albatross.
91 Albert.
92 Albertine.
93 Albinia.
94 Albinos.
95 Albuquerque.
96 Alceste.
97 Alcibiade.
98 Alcide.
102 Alcmène.
103 Alcyon.
104 Alégon.
105 Alerte.
106 Alexandre.
107 » Toussin.
108 Alexandrie.
109 Alexandrine.
120 Alexis.
123 Alfred.
124 Algérine.
125 Algers.
126 Alice.
127 Alicie.
128 Alliance.
129 Alligator.
130 Allioth.
132 Alnar.
134 Alonzo.
135 Allouette.
136 Alpheus.
137 Alphonsa.
138 Alphonse.
139 Alphonso.

LA PREMIÈRE FLAMME DISTINCTIVE

Doit être hissée au-dessus du numéro, ou sur un autre mât.

140 Alto.
142 Alzire.
143 Amable.
145 Amabilité.
146 Amalia.
147
148 Amalthée.
149 Amanda.
150 Amaranthe.
152 Amaryllis.
153 Amasili.
154 Amazone.
156 Ambitieux.
157 Amédée.
158 Amélie.
159 Americain.
160 Amérique.
162 Améthyste.
163 Amis Réunis.
164 » des Colons.
165 » du Commerce.
167 » des deux Fères.
168 » de la Paix.
169 » du Roi.
170 Annette.
172 Amiral.
173 » Magon.
174 » Pleville.
175 » Villaret.
176 Amis.
178 » d'Alger.
179 »
180 Amour.
182 » Constant.
183 Amphion.
184 Amphitrite.
185 Amphytrion.
186 Amsterdam.
187 Anacharsis.
189 Anacréon.
190 Anaïs.
192 Anastasie.
193 Anax.
194 Andelle.
195 Andreline.
196 Androdus.
197 Androgène.
198 Andromaque.
201 Andromeda.
203 Andromède.
204 Ange.
205 » Conducteur.
206 » Gabriel.
207 » Gardien.
208 Angéla.
209 Angélica.
210 Angélina.
213 Anastasia.
214
215 Angélique.
216 Angelo.
217 Angénor.
218 Angérona.
219 Angevin.
230 Angola.
231 Ann Elisa.
234 » Maria.
235 » Mary Ann.
236 » Louise.
237 Anna Bella.
238 » Maria.
239 » Mathilde.
240 » Rosalia.
241 » Thérèse.
243 Anne.
245 » Louise.
246 Annette.
247 Annibal.
248 Anonyme.
249 Anselme.
250 Antélope.
251 Anténor.
253 Anthime.
254 Antibonite.
256 Antidote.
257 Antigone.
258 Antilope.
259 Antinous.
260 Antioch.
261 Antoine.
263 Antoinette.
264 Antonin.
265 Antonio.
267 Apelousas.
268 Apolline.
269 Apollon.
270 Arab.
271 Arabella.
273 Arago.
274 Araminthe.
275 Arche de Noé.
276 Archibald.
278 Archimède.
279 Arcturus.
280 Areatus.
281 Arethusa.
283 Arethuse.
284 Argo.
285 Argonaute.
286 Argus.
287 Ariane.
289 Arno.
290 Ariadne.
291 Ariane.
293 Ariel.
294 Arion.
295 Aristide.
296 Arlequin.
297 Armadillo.
298 Armand.
301 Armide.
302 Armoricain.
304 Armorique.
305 Arnold Wells.
306 Arsène.
307 Arthémise.
308 Arthur.
309 Artidore.
310 Artilleur.
312 Arzac.
314 Asia.
315 Asiatique.
316 Aspasie.
317 Assomption.
318 Astre.

LA PREMIÈRE FLAMME DISTINCTIVE

Doit être hissée au-dessus du numéro, ou sur un autre mât.

319 Astre du Jour.	386 Baronne de Bossy.	452 Blanche.
320 Astrée.	387 Barthelemy.	453 » Claire.
321 Astronome.	389 Basquaise.	456 Blonde.
324 Atala.	390 Basque.	457 Blondin.
326 Atalante.	391 Basse-Terre.	458 Blayais.
327 Atalie.	392 Basses-Pyrénées.	459 Boabab.
328 Athénaïs.	394 Bataillon.	460 Boadicée.
329 Atlantique.	395 Batavie.	461 Bolivar.
340 Atlas.	396 Bayadère.	462 Bombard.
341 Atticus.	397 Bayard.	463 Bombay.
342 Audacieux.	398 Bayonnais.	465 Bonite.
345 Auguste.	401 Bayonnaise.	467 Bon à tout.
346 » Alexandre.	402 Bazar.	468 » Accord.
347 » Caroline.	403 Béarnais.	469 » Barthelemy.
348 » Jules.	405 Béarnaise.	470 » Citoyen.
349 » Sophie.	406 Beatrix.	471 » Casimir.
350 Augustin.	407 Beau Manoir.	472 » Espoir.
351 Augustine.	408 Beauté.	473 » Frère.
352 Aurélie.	409 Bédouin.	475 » Henri.
354 Aurore.	410 Belier.	476 » Louis.
356 Automne.	412 Bélisaire.	478 » Pasteur.
357 Austerlitz.	413 Belle Portugaise.	479 » Père.
358 Australia.	415 » Poule.	480 » Retour.
359 Automne.	416 Bellette.	481 Bonne Adèle.
360 Avenir.	417 Belle-Isle.	482 » Aimée.
361 Aventure.	418 Bellone.	483 » Aline.
362 Aventurier.	419 Belvedère.	485 » Amélie.
364 Avis.	420 Bengal.	486 » Aurélie.
365 Azema.	421 Bengali.	487 » Aventure.
367 Azelia.	423 Benjamin.	489 » Clémence.
368 Azimuth.	425 Benoni.	490 » Désirée.
369 Azur.	426 Berlin.	491 » Elisabeth.
370 Bacchante.	427 Bernard.	492 » Emma.
371 Bacchus.	428 Béranger.	493 » Espérance.
372 Balance.	429 Betzey.	495 » Famille.
374 Baleinier.	430 Bevis.	496 » Fortune.
375 Balguerie.	431 Bey.	497 » Gabrielle.
376 Balguerie Stuttenberg.	432 Biche.	498 » Harmonie.
378 Balise.	435 Bien-aimé.	501 » Henriette.
379 Ballochan.	436 Bienfaisant.	502 » Intention.
380 Baltique.	437 Bien-venu.	503 » Julie.
381 Banaré.	438 Billow.	504 » Louise.
382 Baptiste.	439 Binicas.	506 » Malouine.
384 Baron N. Dar.	450 Biscayenne.	507 » Marie.
385 »	451 Bisson.	508 » Marguerite.

LA PREMIÈRE FLAMME DISTINCTIVE

Doit être hissée au-dessus du numéro, ou sur un autre mât.

509 Bonne Mathilde.
510 » Mère.
512 » Nanette.
513 » Société.
514 » Sophie.
516 » Thérèse.
517 » Victoire.
518 » Virginie.
519 » Zélie.
520 Bons-Amis.
521 Bordelaise.
523 Bordeaux.
524 Bordonnais.
526 Borée.
527 Boristhene.
528 Borodino.
529 Borom-Ndar.
530 Bosphore.
531 Bosquet.
532 Boyer.
534 Bourbon.
536 Bourbonnais.
537 Bouquet.
538 Brave.
539 » Lamoricière.
540 Bresil.
541 Bresilien.
542 Bretagne.
543 Breton.
546 British-Queen.
547 Brillant.
548 Brocanteur.
549 Brun.
560 Brunette.
561 Buffon.
562 Buisson.
563 Burgundy.
564 Burmah.
567 Bustamente.
568 Byron.
569 Cachalot.
570 Cacheco.
571 Cachemire.
572 Cacique.
573 Cadette.
574 Cadmus.
576 Calculo.
578 Calcutta.
579 Caliope.
580 Caliste.
581 Calvados.
582 Calvin.
583 Calypso.
584 Camelia.
586 Cameo.
587 Camilla.
589 Camille.
590 Camoens.
591 Canaris.
592 Candeur.
593 Canopolus.
594 Cantabre.
596 Canteleu.
597 Canton.
598 Cap Breton.
601 » Horn.
602 Capelan.
603 Caprice.
604 Capricieux.
605 Caraïbe.
607 Cardinal de Cheverus.
608 Carmelite.
609 Carolina.
610 Caroline.
612 Casilda.
613 Casimir.
614 » Delavigne.
615 » Perier.
617 Castalie.
618 Castor.
619 Casper Hauser.
620 Cauchoise.
621 Cayennais.
623 Cecile.
624 Cecilia.
625 Cedre.
627 Célérité.
628 Celeste.
629 Celestin.
630 Celestine.
631 Celia.
632 Celibataire.
634 Celina.
635 Celine.
637 Celte.
638 Cette.
639 Cendrillon.
640 Cenerentola.
641 Cerf.
642 Cerf-volant.
643 Cesar.
645 » -le-Jeune.
647 Cesarine.
648 Chance.
649 Charente.
650 Charlemagne.
651 Charles.
652 » Adolphe.
653 » Frederic.
654 » Joseph.
657 » Marie.
658 » Victor.
659 Charlotte.
670 Chasseur.
671 Cherie.
672 Chevrette.
673 Chevreuil.
674 Chiapela.
675 Chili.
678 Chimère.
679 Cid.
680 Ciego.
681 Christine.
682 Christophe.
683 » Colomb.
684 Cinq-Amis.
685 » Frères.
687 » Sœurs.
689 Ciotadin.
690 Circé.
691 Circonstance.
692 Citoyen.
693 Citoyenne.
694 Claire.
695 Clairvoyant.

LA PREMIÈRE FLAMME DISTINCTIVE

Doit être hissée au-dessus du numéro, ou sur un autre mât.

697 Clara.
698 Clare.
701 Clari.
702 Clarisse.
703 Claude.
704 Claudine.
705 Clematis.
706 Clemence.
708 » et Julia.
709 Clement.
710 Clementine.
712 Cleopatre.
713 Clio.
714 Cloë.
715 Clorinde.
716 Clotilde.
718 Colibri.
719 Coligni.
720 Colbert.
721 Colibri.
723 Coliseum.
724 Colombe.
725 Colombien.
726 Colombo.
728 Colombine.
729 Colon.
730 Colonial.
731 Colonie.
732 Colosse.
734 Commerçant.
735 Commerce.
736 » d'Alger.
738 » de Bordeaux.
739 » de Caen.
740 » de Cette.
741 » de Cherbourg.
742 » de Dunkerque.
743 » de Granville.
745 » du Havre.
746 » de Lille.
748 » de Londres.
749 » de Marseille.
750 » de Morlaix.
751 » de Nantes.
752 » de Paris.
753 Commerce de Quimper
754 » de Rouen.
756 » de St-Malo.
758 Comte de Paris.
759 » de Chazelles.
760 » de Clauzel.
761 » d'Estourmel.
762 » Foy.
763 Concorde.
764 Concurrent.
765 Condé.
768 Conestoga.
769 Confiance.
780 » en Dieu.
781 Confiante.
782 Confucius.
783 Consolateur.
784 Consolation.
785 Constance.
786 Constant.
789 Constitution.
790 Constitutionnel.
791 Contre-Temps.
792 Constellation.
793 Coquette.
794 Coquille.
795 Cora.
796 » et Julie.
798 » et Nelly.
801 Coralie.
802 » et Léon.
803 Cordelie.
804 Cordouan.
805 Corinne.
806 Cornelie.
807 Corneille.
809 Coromandel.
810 Corsaire.
812 Cortes.
813 Corvo.
816 Cosmo.
814 Cotonier.
815 Cosmopolite.
816 Couna Baba.
817 Courage.
819 Courageuse.
820 Courageux.
821 Coureur.
823 Courrier d'Afrique.
824 » d'Ancône.
825 » des Antilles.
826 » de Bayonne.
827 » du Brésil.
829 » de Bordeaux.
830 » de Boulogne.
831 » de Cadix.
832 » de Caen.
834 » de Calais.
835 » de Cette.
836 » de Cherbourg.
837 » de Cayenne.
839 » de Dunkerque.
840 » d'Egypte.
841 » de Granville.
842 » de la Guadeloupe.
843 » de Guatimala.
845 » de Guyara.
846 » de la Havanne.
847 » du Havre.
849 » des Indes.
850 » des iles du Vent.
851 » de Jacmel.
852 » de Londres.
853 » de Lisbonne.
854 » de Liverpool.
856 » de Manille.
857 » de Marseille.
859 » de la Martinique.
860 » des Mers du Sud.
861 » du Mexique.
862 » du Midi.
863 » du Miquelon.
864 » de Monte-Video.
865 » de Morlaix.
867 » du Moule.
869 » de Nantes.
870 » du Nord.
871 » de l'Orient.
872 » de Pointe à Pitre.
873 » de la Rance.

LA PREMIÈRE FLAMME DISTINCTIVE

Doit être hissée au-dessus du numéro, ou sur un autre mât.

874 Courrier de Rouen.
875 » de la Seine-Inférieure.
876 » du Sénégal.
879 » de Saint-Denis.
890 » de Saint-Malo.
891 » de Saint-Pierre.
892 » de Saint-Servan.
893 » de Saint.
894 » de Tampico.
895 » de la Terre-Neuve.
896 » de la Vera-Cruz.
897 Cousin.
901 Cousine.
902 Créole.
903 Crise.
904 Croissant.
905 Croix du Sud.
906 Cultivateur.
907 Cupidon.
908 Curieuse.
910 Curieux.
912 Cyane.
913 Cybèle.
914 Cybéline.
915 Cyclope.
916 Cyclade.
917 Cygne.
918 Cymbeline.
920 Cynosure.
921 Cynthie.
923 Cyrus.
924 Czar.
925 » Pierre.
926 Dacie.
927 Dalhousie.
928 Dalmatia.
930 Daly.
931 Damon.
932 Danaë.
934 Danseur.
935 Danube.
936 Danzic.
937 Daphné.
938 Daphnis.
940 Darien.
941 David.
942 Début.
943 Débutant.
945 Décidé.
946 Dédale.
947 Delaroche.
948 Delphine.
950 Delos.
951 Delphos.
952 Delta.
953 Denise.
954 Denison.
956 Dennis.
957 Desdemona.
958 Desir.
960 Desirée.
931 Destin.
962 Deucalion.
963 Deux Adèle.
964 » Adélaïde.
965 » Adolphe.
967 » Amélie.
968 » Amis.
970 » Angélique.
971 » Auguste.
972 » Caroline.
973 » Charles.
974 » Cousines.
975 » Edouard.
976 » Emilie.
978 » Ernest.
980 » Eugénie.
981 » Fanny.
982 » Frères.
983 » Henri.
984 » Henriette.
985 » Julie.
986 » Louise.
987 » Marie.
1023 » Mélanie.
1024 » Rosalie.
1025 » Sœurs.
1026 » Sophie.
1027 » Victoire.
1028 Diadème.
1029 Diamant.
1032 Diane.
1034 Diantha.
1035 Didon.
1036 Dieppois.
1037 Diligence.
1038 Diligent.
1039 Diligente.
1042 Dinannais.
1043 Diomède.
1045 Disirio.
1046 Divine Providence.
1047 Dogre Banc.
1048 Dominique.
1049 » Eugène.
1052 Don Quixote.
1053 Dorade.
1054 Dordogne.
1056 Doris.
1057 Dorothea.
1058 Draco.
1059 Druide.
1062 Dryade.
1063 Dryas.
1064 Duc d'Aumale.
1065 » de Montpensier.
1067 » de Nemours.
1068 » d'Orléans.
1069 » de Trevise.
1072 Duchesse d'Orléans.
1073 Ducouédic.
1074 Ductile.
1075 Duguay-Trouin.
1076 Duguesclin.
1078 Dunkerquoise.
1079 Duperré.
1082 Duquesne.
1083 Durance.
1084 Duroc.
1085 Ebro.
1086 Echo.
1087 Eclair.
1089 Eclaireur.
1092 Eclat.

LA PREMIÈRE FLAMME DISTINCTIVE

Doit être hissée au-dessus du numéro, ou sur un autre mât.

1093 Eclipse.
1094 Economie.
1095 Ecureuil.
1096 Edina.
1097 Edith.
1098 Edmond.
1203 Edmund.
1204 Edouard.
1205 » Eulalie.
1206 » Laure.
1207 » Maria.
1208 Edward.
1209 » Quesnel.
1230 Edwin.
1234 Egérie.
1235 Egide.
1236 Eglantine.
1237 Eglé.
1238 » et Mélanie.
1239 Egyptien.
1240 Elan.
1243 Elbe.
1245 Eléonore.
1246 Electre.
1247 Eléphant de mer.
1248 Elfride.
1249 Elias.
1250 Elisa.
1253 Eliza.
1254 » Ernest.
1256 » Jane.
1257 » Matilda.
1258 Elisabeth.
1259 Elise.
1260 Elisha Denison.
1263 Elite.
1264 Elvina.
1265 Elvire.
1267 » Malvina.
1268 Ella.
1269 Elysé.
1270. E M.
1273 Emblem.
1274 Emeline
1275 Emeraude.
1276 Emile.
1278 » Alfred.
1279 » et Marie.
1280 Emilie.
1283 » Gabrielle.
1284 Emilienne.
1285 Emma.
1286 Emmanuel.
1287 Empereur.
1289 Empire.
1290 Emporium.
1293 Empress.
1294 Emulation.
1295 Emule.
1296 Endymion.
1297 Encoinet.
1298 Enée.
1302 Enfant-Chéri.
1304 » Unique.
1305 » de la Veuve.
1306 Enigheten.
1307 Enigme.
1308 Entreprenant.
1309 Entreprise.
1320 Envie.
1324 Envoi.
1325 Eole.
1326 Epaminondas.
1327 Epargne.
1328 Eperlan.
1329 Epervier.
1340 Episode.
1342 Equateur.
1345 Erasmus.
1346 Erato.
1347 Erie.
1348 Erigone.
1349 Ermite.
1350 Ernest.
1352 Ernestine.
1354 Escaut.
1356 Espérance.
1357 Espiégle.
1358 Espion.
1359 Espoir.
1360 Espoir de Famille.
1362 » de la France.
1364 » de la Paix.
1365 Estafette.
1367 » du Havre.
1368 Estelle.
1369 Esteva.
1370 Esther.
1372 Estime.
1374 Eté.
1375 Etincelle.
1376 Etna.
1378 Etoile.
1379 » de la Mer.
1380 » du Matin.
1382 » du Nord.
1384 » Polaire.
1385 Etrenne.
1386 Evelina.
1387 Everett.
1389 Evolution.
1390 Eucharis.
1392 Eudoxie.
1394 Eugène.
1395 » Amélie.
1396 » Aurélie.
1397 » Elise.
1398 Eugénie.
1402 Eulalie.
1403 Eulione.
1405 Eunice.
1406 Euphémide.
1407 Euphémie.
1408 Euphrosie.
1409 Euphrosina.
1420 Euphrate.
1423 Euphrosine.
1425 Europe.
1426 Eurotas.
1427 Euryale.
1428 Euridice.
1429 Euterpe.
1430 Euxene.
1432 Eveillé.
1435 Evelina.

LA PREMIÈRE FLAMME DISTINCTIVE

Doit être hissée au-dessus du numéro, ou sur un autre mât.

1436 Excellent.
1437 Exemple.
1438 Exit.
1439 Expédition.
1450 Export.
1452 Exprès.
1453 Extio.
1456 Faber.
1457 Fabius.
1458 Fabricius.
1459 Faisan.
1460 Falco.
1462 Fanal.
1463 Fanchon.
1465 Fanfaron.
1467 Fanny.
1468 » et Claire.
1469 Fantaisie.
1470 Fantôme.
1472 Faune.
1473 Fauvette.
1475 Favorite.
1476 Félicie.
1478 Félicité.
1479 Félix.
1480 » Léopold.
1482 Fénelon.
1483 Ferax.
1485 Ferdinand.
1486 » Adolphe.
1487 » et Edmund.
1489 Fethoui.
1490 Fidèle.
1492 » André.
1493 Fidélité.
1495 Figaro.
1496 Fille-Unique.
1497 Fils de France.
1598 » de Joseph.
1502 » Unique.
1503 Financier.
1504 Finette.
1506 Fiscal.
1507 Flavie.
1508 Flèche.
1509 Flètes.
1523 Fleur.
1524 » de la Mer.
1526 Fleuron.
1527 Fleurus.
1528 Fleury.
1529 Flora.
1530 Flore.
1532 » et Delphine.
1534 Florence.
1536 Florestine.
1537 Florian.
1538 Floride.
1539 Florizel.
1540 Foi.
1542 Fontainebleau.
1543 Fontenelle.
1546 Forban.
1547 Formosa.
1548 Fort-Royal.
1549 Fortune.
1560 Fortuné Edward.
1562 Fortunée.
1563 Forum.
1564 Foudre.
1567 Fourmi.
1568 France.
1569 Français.
1570 Française.
1572 Frances Augusta.
1573 Francia.
1574 François Ier.
1576 » Désirée.
1578 » Honoré.
1579 » de-Salles.
1580 Françoise.
1582 Francfort.
1583 Franklin.
1584 Frasquita.
1586 Fréderic.
1587 Frédonia.
1589 Frères-Unis.
1590 Friedland.
1592 Friponne.
1593 Fulgor.
1594 Furet.
1596 Gabriel.
1597 Gabrielle.
1598 Galatée.
1602 Galaxy.
1603 Galiléo.
1604 Gambie.
1605 Gange.
1607 Garafilia.
1608 Gard.
1609 Garde.
1620 » National.
1623 Garonne.
1624 Gascon.
1625 Gaspard.
1627 Gaston.
1628 Gaulois.
1629 Gazelle.
1630 Gazette.
1632 Géant.
1634 Gem.
1635 Général.
1637 » Borgella.
1638 » Foy.
1639 Généreux.
1640 Genève.
1642 Geneviève.
1643 Génie.
1645 Génois.
1647 George.
1648 » Albert.
1649 » Cuvier.
1650 » Gustave.
1652 » Sand.
1653 Georgette.
1654 Georgian.
1657 Georgiana.
1658 Georgine.
1659 Germaine.
1670 Germanicus.
1672 Gers.
1673 Gertrude.
1674 Giove.
1675 Giraffe.
1678 Girard.

LA PREMIÈRE FLAMME DISTINCTIVE

Doit être hissée au-dessus du numéro, ou sur un autre mât.

1679 Gironde.
1680 Girouette.
1682 Gladiator.
1683 Glaneur.
1684 Glaneuse.
1685 Globe.
1687 Gloire.
1689 Glorieux.
1690 Godefroy.
1692 Gol.
1693 Goliath.
1694 Grace.
1695 » de Dieu.
1697 Gracieuse.
1698 Grafton.
1702 Granara.
1703 Grand Amédée.
1704 » Ballochan.
1705 » Cérons.
1706 » Charles.
1708 » Condé.
1709 » Corneille.
1720 » Coureur.
1723 » Courier.
1724 » Duquesne.
1725 » Henri.
1726 » Louis.
1728 » Napoléon.
1729 » Navigateur.
1730 » Thomas.
1734 Grande Terre.
1735 Granit.
1736 Gratitude.
1738 Gravelinoise.
1739 Graville.
1740 Great Western.
1742 Green.
1743 Greenland.
1745 Grenadier.
1746 Grenouille.
1748 Grétry.
1749 Guadeloupe.
1750 Guedeloupéen.
1752 Guatimozin.
1753 Guerrière.
1754 Guiane.
1756 Guillaume.
1758 » Alexis.
1759 » Tell.
1760 Guillermo-Luis.
1762 Gustave.
1763 » Adolphe.
1764 » Alphonse.
1765 » Anna.
1768 » Ernest.
1769 Habile.
1780 Haïtienne.
1782 Hambourg.
1783 Hardi.
1784 Harmonie.
1785 Harponneur.
1786 Harold.
1789 Harriet.
1790 » et Jessie.
1792 » Louise.
1793 Havrais.
1794 Havraise.
1795 Havre.
1796 » et Guadeloupe.
1798 » et Martinique.
1802 Hasard.
1803 Hébé.
1804 Hélène.
1805 Hellespont.
1806 Héloïse.
1807 Helvetia.
1809 Henri IV.
1820 » -le-Grand.
1823 Henri.
1824 Henricus.
1825 Henriette.
1826 » Marie.
1827 » Louise.
1829 Henry.
1830 Héraclide.
1832 Héraut.
1835 Hercule.
1836 Herman.
1837 Hermès.
1839 Hermine.
1840 Herminie.
1842 Hermione.
1843 Hermitage.
1845 Héroïne.
1846 Héros.
1847 Herschell.
1849 Hesper.
1850 Heureuse.
1852 » Adélaïde.
1853 » Adeline.
1854 » Alliance.
1856 » Clara.
1857 » Clorinde.
1859 » Emilie.
1860 » Etoile.
1862 » Marie.
1863 » Mathilde.
1864 » Pauline.
1865 » Reine.
1867 » Victorine.
1869 » Union.
1870 Heureux.
1872 » Adolphe.
1873 » Antoine.
1874 » Hasard.
1875 » Joseph.
1876 » Pierre.
1879 » Retour.
1890 Heva.
1892 Hippolite.
1893 Hippopotame.
1894 Hiram.
1895 Hirondelle.
1896 Honfleur.
1897 Honfleurais.
1902 Horace.
1903 Horatia.
1904 Horizon.
1905 Hortense.
1906 Hortensie.
1907 Hudson.
1908 Humanité.
1920 Humbolt.
1923 Humphry.
1924 Hussard.

LA PREMIÈRE FLAMME DISTINCTIVE

Doit être hissée au-dessus du numéro, ou sur un autre mât.

1925 Hyacinthe.
1926 Hyade.
1927 Hymen.
1928 Iberia.
1930 Ida.
1932 Idée.
1934 Ignatia.
1935 Ilda.
1936 Ile de France.
1937 Illinois.
1938 Illusion.
1940 Impérial.
1942 Importateur.
1943 Imogène.
1945 Impératrice.
1946 Incas.
1947 Income.
1948 Indécis.
1950 Indépendant.
1952 Indépendance.
1953 Index.
1954 Indiana.
1956 Indien.
1957 Indigène.
1958 Indus.
1960 Industrie.
1962 Industriel.
1963 Infatigable.
1964 Innocence.
1965 Inspecteur.
1967 Insulaire.
1968 Intelligence.
1970 Intimité.
1972 Intrépide.
1973 » Canaris.
1974 » Corse.
1975 Iowa.
1976 Iphigénie.
1978 Irène.
1980 Iris.
1982 Irma.
1983 Iroquois.
1984 Isabella.
1985 Isaïe.
1986 Isalco.
1987 Isambert.
2013 Isère.
2014 Isidore.
2015 Isis.
2016 Italie.
2017 Italienne.
2018 Ivanhoe.
2019 Jacques.
2031 Jalouse.
2034 James.
2035 Japon.
2036 Jasmin.
2037 Jason.
2038 Java.
2039 Jean.
2041 » Baptiste.
2043 » Bart.
2045 » Charles.
2046 » Henri.
2047 » Jacques.
2048 » Joseph.
2049 » Louis.
2051 » Marie.
2053 » Maurice.
2054 » Pierre.
2056 Jeanne.
2057 » d'Arc.
2058 » Hélène.
2059 » Marie.
2061 Jeannette.
2063 Jemmappe.
2064 Jemina.
2065 Jemmy.
2067 Jena.
2068 Jenny.
2069 Jérôme.
2071 » Jeune.
2073 Jeune Adélaïde.
2074 » Adèle.
2075 » Adeline.
2076 » Adolphe.
2078 » Agathe.
2079 » Aglaé.
2081 » Agnès.
2083 » Aigle.
2084 Jeune Aimée.
2085 » Alexandre.
2086 » Alliance.
2087 » Alphonse.
2089 » Amélie.
2091 » Aminthe.
2093 » Anaïs.
2094 » Anatole.
2095 » Annette.
2096 » André.
2097 » Anna.
2098 » Anne.
2103 » Annette.
2104 » Anthime.
2105 » Antoine.
2106 » Antoinette.
2107 » Antonio.
2108 » Apollon.
2109 » Armide.
2130 » Arsène.
2134 » Arthur.
2135 » Auguste.
2136 » Augustin.
2137 » Bathilde.
2138 » Beatrix.
2139 » Belle.
2140 » Bordelais.
2143 » Camille.
2145 » Caroline.
2146 » Catharine.
2147 » Cécile.
2148 » Céline.
2149 » Charles.
2150 » Charlotte.
2153 » Christine.
2154 » Clare.
2155 » Clarisse.
2156 » Claude.
2157 » Cléante.
2158 » Clémence.
2159 » Clément.
2160 » Clémentine.
2163 » Cléopâtre.
2164 » Clio.
2165 » Cora.

LA PREMIÈRE FLAMME DISTINCTIVE

Doit être hissée au-dessus du numéro, ou sur un autre mât.

2167 Jeune Coralie.
2168 » Corinne.
2169 » Daphné.
2170 » Denise.
2173 » Diane.
2174 » Edmond.
2175 » Edouard.
2176 » Eléonore.
2178 » Elisa.
2179 » Elise.
2180 » Elisabeth.
2183 » Elodie.
2184 » Emile.
2185 » Emilie.
2186 » Emilienne.
2187 » Emma.
2189 » Emmanuel.
2190 » Emmeline.
2193 » Erin.
2194 » Ernest.
2195 » Ernestine.
2196 » Espérance.
2197 » Espoir.
2198 » Estelle.
2301 » Esther.
2304 » Etoile.
2305 » Eugénie.
2306 » Eulalie.
2307 » Euphrasie.
2308 » Euphrosine.
2309 » Evariste.
2310 » Ezelia.
2314 » Famille.
2315 » Fanny.
2316 » Favorite.
2317 » Faune.
2318 » Félix.
2319 » Flora.
2340 » Flore.
2341 » Fortune.
2345 » France.
2346 » Frédéric.
2347 » Gabriel.
2348 » Gabrielle.
2349 » Grecque.
2350 Jeune Gustave.
2351 » Harriet.
2354 » Héloïse.
2356 » Henry.
2357 » Henriette.
2358 » Hercule.
2359 » Herminie.
2360 » Hilaire.
2361 » Hortense.
2364 » Ida.
2365 » Indienne.
2367 » Indigène.
2368 » Irmisse.
2369 » Joseph.
2370 » Julie.
2371 » Julien.
2374 » Julienne.
2375 » Jules.
2376 » Laure.
2378 » Léon.
2379 » Léonie.
2380 » Liberté.
2381 » Lionel.
2384 » Lise.
2385 » Louis.
2386 » Louisa.
2387 » Louise.
2389 » Marie.
2390 » Marianne.
2391 » Margueritte.
2394 » Mars.
2395 » Mathilde.
2396 » Ménandre.
2397 » Mère.
2398 » Nancy.
2301 » Nannette.
2403 » Nathalie.
2405 » Nelly.
2406 » Nina.
2407 » Normande.
2408 » Octavie.
2409 » Olinda.
2410 » Olive.
2413 » Olympe.
2415 » Palmyre.
2416 Jeune Pascal.
2417 » Paul.
2418 » Pauline.
2419 » Pénélope.
2430 » Père de famille.
2431 » Pierre.
2435 » Polletais.
2436 » Prosper.
2437 » Raymond.
2438 » Robert.
2439 » Rosalie.
2450 » Rose.
2451 » Sauterelle.
2453 » Silvie.
2456 » Sophie.
2457 » Themire.
2458 » Théodore.
2459 » Thérèse.
2460 » Victoire.
2461 » Volcy.
2463 » Zélie.
2465 » Zoé.
2467 John Cockerill.
2468 Jonquille.
2469 Joseph.
2470 » Charles.
2471 » Etienne.
2473 » Louise.
2475 » Marie.
2476 » et Victor.
2478 Joséphine.
2479 Joyeux.
2480 Jules.
2481 » Auguste.
2483 » de Blosseville.
2485 » Eugène.
2486 » et Julie.
2487 » Mareschal.
2489 Julia.
2490 Julie.
2491 » Joséphine.
2493 » Marie.
2495 » Marthe.
2496 » Mathilde.
2497 Julien.

LA PREMIÈRE FLAMME DISTINCTIVE

Doit être hissée au-dessus du numéro, ou sur un autre mât.

2498 Julienne.
2501 Juliette.
2503 Julius Thalès.
Jumeaux.
2504 Jumelles.
2506 Juniata.
2507 Junius.
2508 Junon.
2509 Jupiter.
2510 Jura.
2513 Juste.
2514 Justin.
2516 Justine.
2517 Ketos.
2518 Laborieux.
2519 Laboureur.
2530 Lafayette.
2531 Lagoda.
2534 Lagrange.
2536 Lambkin.
2537 Lancier.
2538 Landes.
2539 Landais.
2540 Lapeyrouse.
2541 La Plata.
2543 Larose.
2546 Lascar.
2547 Latone.
2548 Laure.
2549 Laurency.
2560 Laurens.
2561 Laurent.
2563 » et Fanny.
2564 Laurentia.
2567 Laurentine et Julie.
2568 Laurier.
2569 Léandre.
2570 Leavitte.
2571 Léda.
2573 Lehia.
2574 Légère.
2576 Léocadie.
2578 Léon.
2579 Léonarde.
2580 Léonidas.
2581 Léontine.
2583 Léopold.
2584 Les Louises.
2586 Lestocq.
2587 Letitia.
2589 Level.
2590 Levrette.
2591 Levrier.
2593 Lewis Cass.
2594 Lexington.
2596 Lezard.
2597 Liancourt.
2598 Liane.
2601 Liberator.
2603 Liberté.
2604 » du Commerce.
2605 Libis.
2607 Lille.
2608 Lillois.
2609 Lima.
2610 Linnœus.
2613 Lion.
2614 Lionnel.
2615 Lionne.
2617 Lisbonnais.
2618 Lise.
2619 » Aimée.
2630 » Chérie.
2631 Lisette.
2634 Liverpool.
2635 Livourne.
2637 Loire.
2638 Lorena.
2639 Lorenzo.
2640 Lotus.
2641 Lothaire.
2643 Louis.
2645 » Antoine.
2647 » Aristide.
2648 » Auguste.
2649 » le-Grand.
2650 » Marie.
2651 » Philippe.
2653 Louisa.
2654 » Matilda.
2657 Louise.
2658 Louise Bien-Aimée.
2659 » Chérie.
2670 » Désirée.
2671 » Laure.
2673 » Marie.
2674 Louises.
2675 Louisiana.
2678 Loftus.
2679 Lovely.
2680 Louvre.
2681 Loyauté.
2683 Lucas.
2684 Lucide.
2685 Lucie.
2687 Lucile.
2689 Lucinde.
2690 Luçon.
2691 Lucrèce.
2693 Lucullus.
2694 Lucy Ann.
2695 Ludovic.
2697 Luminy.
2698 Lunar.
2701 Luxembourg.
2703 Lydie.
2704 Lynx.
2705 Lysandre.
2706 Lyonnais.
2708 Lyonnel.
2709 Lyons.
2710 Macedonia.
2713 Mac-Lellan.
2714 Macon.
2715 Madeline.
2716 Magellan.
2718 Magicienne.
2719 Magloire.
2730 Magnifique.
2731 Magnolia.
2734 Majestueux.
2735 Maho.
2736 Mail.
2738 Maine.
2739 Malabar.

LA PREMIÈRE FLAMME DISTINCTIVE

Doit être hissée au-dessus du numéro, ou sur un autre mât.

2740 Malais.
2741 Maline.
2743 Malines.
2745 Malouin.
2746 Malte.
2748 Maly.
2749 Manche.
2750 Mandarin.
2751 Manlius.
2753 Mappe-Monde.
2754 Marathon.
2756 Maracaïba.
2758 Marcambie.
2759 Marcella.
2760 Marcelin.
2761 Marcia.
2763 Maréchal.
2764 » de France.
2765 » de Villars.
2768 Marens.
2769 Marengo.
2780 Marfidius.
2781 Marguerite.
2783 Maria.
2784 » Louise.
2785 » Theresa.
2786 Mariana.
2789 Marianne.
2790 Marie.
2791 » Angèle.
2793 » Angélique.
2794 » Antoinette.
2795 » Caroline.
2796 » Catherine.
2798 » Céline.
2801 » Elizabeth.
2803 » Gabriel.
2804 » Henriette.
2805 » Joseph.
2806 » Louise.
2807 » Rose.
2809 » Sophie.
2810 » Thérèse.
2813 » Victoire.
2814 » Victorine.
2815 Mariette.
2816 Marius.
2817 Marmora.
2819 Marne.
2830 Mars.
2831 Marseille.
2834 Marseillais.
2835 Marsouin.
2836 Martial.
2837 Martin.
2839 » Luther.
2840 Martiniquais.
2841 Martiniquaise.
2843 Martinique.
2845 Mary.
2846 Maryland.
2847 Mascarenhas.
2849 Mascarin.
2850 Mathilde.
2851 Maurice.
2853 Mauricien.
2854 Mazeppa.
2856 Mecanic.
2857 Médée.
2859 Médiator.
2860 Médicis.
2861 Médine.
2863 Méditerranée.
2864 Médoc.
2865 Médore.
2867 Méduse.
2869 Mélampus.
2870 Mélanie.
2871 Mélayo.
2873 Melchior.
2874 Meldon.
2875 Melpomène.
2876 Memnon.
2879 Menelaus.
2890 Mentor.
2891 Mercure.
2893 Mère des Anges.
2894 » chérie.
2895 » de Dieu.
2896 » de Famille.
2897 Mérola.
2901 Mésange.
2903 Messager.
» de Bordeaux.
2904 » du Havre.
2905 » des Indes.
2906 » de Marseilles.
2907 » de Nantes.
2908 » de Syrie.
2910 Métamora.
2913 Météore.
2914 Meuse.
2915 Mexicain.
2916 Mexicaine.
2917 Mexico.
2918 Mexique.
2930 Merlin.
2931 Mézélis.
2934 Michel.
2935 Mignonne.
2936 Milise.
2937 Minerve.
2938 Miquelonnais.
2940 Miranda.
2941 Mississipi.
2943 Mithridate.
2945 Modèle.
2946 Modeste.
2947 Mogol.
2948 Moineau.
2950 Moïse.
2951 Monarque.
2953 Monfavier.
2954 Monica.
2956 Monopole.
2957 Mon-Plaisir.
2958 Mont-Chéri.
2960 Montezuma.
2961 Monticello.
2963 Mont-Liban.
2964 Montmorency.
2965 Montpellier.
2967 Morbihan.
2968 Morlaisien.
2970 Moselle.

LA PREMIÈRE FLAMME DISTINCTIVE

Doit être hissée au-dessus du pavillon, ou sur un autre mât.

2971 Moslem.
2973 Mouche.
2974 Myrte.
2975 Naïade.
2976 Nancy.
2978 Nanette.
2980 Nanine.
2981 Nantais.
2983 Nantaise.
2984 Nantes.
2985 Napier.
2986 Napoléon.
2987 » le-Grand.
3012 Narcisse.
3014 Narwal.
3015 Nathalie.
3016 Nautile.
3017 Nautonier.
3018 Navarin.
3019 Navarre.
3021 Navarrois.
3024 Navigateur.
3025 Ndey-Daman.
3026 Nérida.
3027 Nelly.
3028 Neptune.
3029 Nerée.
3041 Néréïde.
3042 Nestor.
3045 Neustrie.
3046 Nicholas l'Aristide.
3047 Niger.
3048 Nil.
3049 Nina.
3051 Ninon.
3052 Noémi Marie.
3054 Nonchalante.
3056 Nompareille.
3057 Norman.
3058 Normand.
3059 Normandie.
3061 Norna.
3062 Nouveau Démosthène.
3064 » Destin.
3065 » Persévérant.

3067 Nouveau Tropique.
3068 Nouvel Eugène.
3069 » Indigène.
3071 » Actif.
3072 Nouvelle.
3074 » Adeline.
3075 » Alliance.
3076 » Constance.
3078 » Elise.
3079 » Ermance.
3081 » Ernestine.
3082 » Espérance.
3084 » Eugénie.
3085 » France.
3086 » Gabrielle.
3087 » Indigène.
3089 » Loire.
3091 » Louise.
3092 » deux Nanettes.
3094 » Paix.
3095 » Union.
3096 Nouveauté.
3097 Novice.
3098 Numa.
3102 Nye.
3104 Nymphe.
3105 Occitanie.
3106 Océan.
3107 Oceanus.
3108 Octave.
3109 Octavie.
3120 Ohio.
3124 Oiseau.
3125 Oiseleur.
3126 Oléron.
3127 Olinda.
3128 Olive
3129 Olivia.
3140 Olivie.
3147 Olivier.
3145 Olympe.
3146 Olympia.
3147 Olympio.
3148 Omnibus.
3149 Onézime.

3150 Onyx.
3152 Ophelie.
3154 Orbit.
3156 Orénoque.
3157 Oreste.
3158 Orient.
3159 Oriental.
3160 Origen.
3162 Orion.
3164 Orléans.
3165 Ormus.
3167 Oromaze.
3168 Oronoco.
3169 Orphée.
3170 Orphelin.
3172 Orpheus.
3174 Orphir.
3175 Ortolan.
3176 Oscar.
3178 Ottoman.
3179 Ozanna.
3180 Pacifique.
3182 Pacotille.
3184 Pactole.
3185 Paix.
3186 Paladin.
3187 Palealcide.
3189 Palemon.
3190 Palestine.
3192 Palinure.
3194 Pallas.
3195 Palme.
3196 Palmyre.
3197 Pamelia.
3198 Panthœa.
3201 Panthère.
3204 Paoli.
3205 Paon.
3206 Pavillon.
3207 Paquebot.
3208 » Bordelais, N° 1er.
3209 » d° 2.
3210 » d° 3.
3214 » d° 4.
3215 » d° 5.

LA PREMIÈRE FLAMME DISTINCTIVE

Doit être hissée au-dessus du numéro, ou sur un autre mât.

3218 Paq. de Bordeaux.
3219 » de Cayenne, N° 1.
3240 » d° 2.
3241 » d° 3.
3245 » Edouard.
3246 » Egyptien.
3247 » Ferdinand.
3248 » du Havre.
3249 » de la Mer du Sud
3250 » Nantais.
3251 » de Rio.
3254 » de Rouen
3256 Parachute.
3257 Paradis.
3258 Paragon.
3259 Paraguay.
3260 Parfait-Accord.
3261 » Amour.
3264 Parthenon.
3265 Paris.
3267 Parisienne.
3268 Passe-Partout.
3269 Passe-Port.
3270 Pastora.
3271 Patience.
3274 Patriote.
3275 Patron.
3276 Paul.
3278 » et Céleste.
3279 » Emile.
3280 » Jones.
3281 Pauline.
3284 » et Célestine.
3285 Paysanne.
3286 Pécheur.
3287 Pégase.
3289 Pélerin.
3290 Penélope.
3291 Pensée.
3294 Père de Famille.
3295 » des Braves.
3296 Pérégrine.
3297 Pérignon.
3298 Perkins.
3401 Perle.
3402 Perlée.
3405 Perna.
3406 Persévérant.
3407 Persévérance.
3408 Peru.
3409 Péruvienne.
3410 Petit.
3412 » Caporal.
3415 » Eugène.
3416 » Gabriel.
3417 » Louis.
3418 » Mathieu.
3419 » Paul.
3420 » Télégraphe.
3421 Petite Angélina.
3425 » Augustine.
3426 » Louise.
3427 » Nancy.
3428 » Suzanne.
3429 Pétronelle.
3450 Pétrus.
3451 Phaeton.
3452 Pharamond.
3456 Pharsalia.
3457 Phèdre.
3458 Phénicien.
3459 Phénix.
3460 Philadelphie.
3461 Philanthrope.
3462 Philippe.
3465 Philippine.
3467 » et Rose.
3468 Philomèle.
3469 Phocéen.
3470 Phocion.
3471 Phoque.
3472 Phœbé
3475 » Anne.
3476 Physicienne.
3478 Pico.
3479 Pierre.
3480 » Adolphe
3481 » Amélie.
3482 » Corneille.
3485 » le-Grand.
3486 Pilote.
3487 » de Sénégal.
3489 Pionnier,
3490 Pithéas.
3491 Plaisir.
3492 Platina.
3495 Plato.
3496 Pléïades.
3497 Plutus.
3498 Po.
3501 Point-du-Jour.
3502 Poisson-Volant.
3504 Poland.
3506 Pollux.
3507 Polonnais.
3508 Polygone.
3509 Polyphème.
3510 Pompée.
3512 Pomone.
3514 Pondichéry.
3516 Portefaix.
3517 Portia.
3518 Postillon.
3519 » de Lonjumeaux.
3520 Poste.
3521 » Maritime.
3524 Pourvoyeur.
3526 Précurseur.
3527 Préféré.
3528 Président.
3529 Prévoyante.
3540 Prince de Joinville.
3541 Princesse.
3542 Printemps.
3546 Progrès.
3547 Proserpine.
3548 Prosper.
3549 Prospérité.
3560 Protée.
3561 Provence.
3562 Provençal.
3564 Providence.
3567 Prudent.
3568 Psyché.
3569 Pucelle d'Orléans.

LA PREMIÈRE FLAMME DISTINCTIVE

Doit être hissée au-dessus du numéro, ou sur un autre mât.

3570 Pyrénée.
3571 Quatre Cousins.
3572 » Frères.
3574 » Sœurs.
3576 Quos Ego.
3578 Rachel.
3579 Racine.
3580 Railleur.
3581 Rance.
3582 Raphaël.
3584 Rapide.
3586 Rapporteur.
3587 Récolte.
3589 Récompense.
3590 Réforme.
3591 Régénéré.
3592 Régent.
3594 Reine.
3596 » des Anges.
3597 » des Français.
3598 » Rose.
3601 Remise.
3602 Remy et Louis.
3604 Renard.
3605 Renommée.
3607 Réparateur.
3608 Requin.
3609 Résolu.
3610 Résolution.
3612 Ressource.
3614 Restitution.
3615 Réunion.
3617 Revanche.
3618 Réveil.
3619 Revenue.
3620 Rhin.
3621 Rhône.
3624 Richard.
3625 Rio.
3627 » Janeiro.
3628 » Plata.
3629 Roanne.
3640 Roanoque.
3641 Robert.
3642 » le-Diable.

3645 Robert Surcouff.
3647 Robuste.
3648 Roche.
3649 Rochelais.
3650 Rochefoucauld.
3651 Rôdeur.
3652 Roderique.
3654 Roi Hamedon.
3657 » d'Yvetot.
3658 Roland.
3659 Rolla.
3670 Rollon.
3671 Roman.
3672 Romano.
3674 Romeo.
3675 » et Juliette.
3678 Rosa.
3679 Rosalba.
3680 Rosalie.
3681 Rosalind.
3682 Rosamond.
3684 Rose.
3685 » Anna.
3687 » Eugénie.
3689 » Julienne.
3690 » du Tage.
3691 Roscius.
3692 Rosière.
3694 Rosine.
3695 Rossignol.
3697 Rothomagus.
3698 Rotterdam.
3701 Rouennais.
3702 Rousseau.
3704 Roxanne.
3705 Roxelane.
3706 Rubens.
3708 Rubis.
3709 Ruche.
3710 Sabbatas.
3712 Sabine.
3714 Sagesse.
3715 Saïd, Saïd.
3716 Salamandre.
3718 Salazes.

3719 Salomon.
3720 Salsette.
3721 Saltador.
3724 Saluda.
3725 Samuel.
3726 Sans Pareil.
3728 Sans-Souci.
3729 Saphire.
3740 Sapho.
3741 Sarah.
3742 » et Arzelia.
3745 » et Caroline.
3746 Sarthe.
3748 Sarzeautin.
3750 Satellite.
3751 Sauterelle.
3752 Sauvage.
3754 Sauveur.
3756 Savoyard.
3758 Saumon.
3759 Schems.
3760 Science.
3761 Scipion.
3762 Scorpion.
3764 Séduisant.
3765 Seine.
3768 » Inférieure.
3769 Seineur.
3780 Selma.
3781 Sélima.
3782 Sémaphore.
3784 Sémillante.
3785 Sénégalais.
3786 Sénégali.
3789 Sens.
3790 Sentinelle.
3791 Septentrion.
3792 Sept frères.
3794 Séraphine.
3795 Sibylle.
3796 Sicilien.
3798 Sidonie.
3801 Signal.
3802 Silence.
3804 Silvia.

LA PREMIÈRE FLAMME DISTINCTIVE

Doit être hissée au-dessus du numéro, ou sur un autre mât.

3805 Sincérité.
3806 Sirius.
3807 Siroc.
3809 Slaviana.
3810 Société.
3812 Socrate.
3814 Soleil.
3815 » d'Austerlitz.
3816 » du Levant.
3817 Solide.
3819 Solitaire.
3820 Somme.
3821 Sophie.
3824 Souffrière de Girgente.
3825 Souvenir.
3826 Spéculateur.
3827 Spéculation.
3829 Sphynx.
3840 Splendide.
3841 Ste. Agnès.
3842 » André.
3845 » Anne.
3846 » Augustine.
3847 » Antoine.
3849 » Cécile.
3850 » Clair et Julie.
3851 » Cloud.
3852 » Denis.
3854 » Elisabeth.
3856 » Esprit.
3857 » Etienne.
3859 » Eustache.
3860 » François.
3861 » Gabriel.
3862 » George.
3864 » Héléna.
3865 » Hilaire.
3867 » Jacques.
3869 » James.
3870 » Jean.
3871 » » Baptiste.
3872 » Jérôme.
3874 » Joseph.
3875 » Laurence.
3876 St. Laurent.
3879 » Louis.
3890 » Michel.
3891 » Paul.
3892 » Pierre.
3894 » Philippe.
3895 » Roch.
3896 » Sauveur.
3897 » Simon.
3901 » Thomas.
3902 » Tropez.
3904 » Vincent.
3905 » Wulfran.
3906 Stanislas.
3907 Statira.
3908 Stella.
3910 Stéphanie.
3912 Sublime.
3914 Succès.
3915 Sucrier.
3916 » de Bourbon.
3917 Suffren.
3918 Sully.
3920 Sultan.
3921 Sumatra.
3924 Superbe.
3925 Surveillante.
3926 Suzanne.
3927 » Marie.
3928 Switzerland.
3940 Sydonie.
3941 Sylphe.
3942 Sylphide.
3945 Sylvie-de-Grasse
3946 Syrène.
3947 Syrien.
3948 Syrius.
3950 Tache.
3951 Tacitus.
3952 Taçon.
3954 Tage.
3956 Talisman.
3957 Talma.
3958 Tambour.
3960 Tamerlane.
3961 Tancrède.
3962 Taporica.
3964 Tarn.
3965 Tarquin.
3967 Tartare.
3968 Tasso.
3970 Tayac.
3971 Telaire.
3972 Télémaque.
3974 Télégraphe.
3975 » du Havre.
3976 Temps.
3978 Terpsichore.
3980 Terre-de-Feu.
3981 Terre-Neuvier.
3982 Thaïs.
3984 Thalie.
3985 Thélaïre.
3986 Thémire.
3987 Thémis.
4012 Thémistocle.
4013 Théobald.
4015 Théodor.
4016 Théodore.
4017 » et Eugène.
4018 Théophanie.
4019 Théophile.
4021 Thérence.
4023 Thérèse.
4025 » Louise.
4026 Thérésine.
4027 Thésée.
4028 Théseus.
4029 Thétis.
4031 Thisbé.
4032 Thomas.
4034 Thule.
4035 Tibre.
4036 Tigre.
4037 Timoléon.
4038 Tircis.
4039 Titan.
4051 Titus.
4052 Toison.
4053 Tontine.

LA PREMIÈRE FLAMME DISTINCTIVE

Doit être hissée au-dessus du numéro, ou sur un autre mât.

4056 Topaze.
4057 Toronto.
4058 Toulonnais.
4059 Tourville.
4061 Transit.
4062 Trazas.
4063 Tribut.
4065 Trident.
4067 Trio.
4068
4069 Triomphant.
4071 Triomphe.
4072 Trinité.
4073 Triton.
4075 Trois Amis.
4076 » Angélique.
4078 » Frères.
4079 » Jean-Baptiste.
4081 » Montrouges.
4082 Trophée.
4083 Tropique.
4085 Turbot.
4086 Turenne.
4087 Typhis.
4089 Ulysse.
4091 Unanimité.
4092 Undine.
4093 Uni.
4095 Union.
4096 Unité.
4097 Universel.
4098 Uraguay.
4102 Uranie.
4103 Ursin.
4105 Utica.
4106 Utile.
4107 Vagabond.
4108 Vaillant.
4109 » Basque.
4120 Valdor.
4123 Valence.
4125 Valentin.
4126 Valeur.
4127 Vandalia.
4128 Varna.
4129 Vauban.
4130 Vauclin.
4132 Vedette.
4135 Véloce.
4136 Vélocifère.
4137 Vélocité
4138 Veloz Manuela.
4139 Venus.
4150 Vera-Cruz.
4152 » Cruzana.
4153 Vernon.
4156 Véronique
4157 Vertu.
4158 Vesta.
4159 Vestale.
4160 Vétéran.
4162 Vespasian.
4163 Vesper.
4165 Victor.
4167 » et Félicie.
4168 Victoire.
4169 » et Lise.
4170 Victorieux.
4172 Victorine.
4173 Vigean.
4175 Vigie.
4176 » du Hâvre.
4178 Vigilante.
4179 Villars.
4180 Ville de Bayonne.
4182 » de Brest.
4183 » de Bordeaux.
4185 » de Boulogne.
4186 » de Cadix.
4187 » de Calais.
4189 » de Caudebec.
4190 » de Cette.
4192 » de Dieppe.
4193 » de Dunkerque.
4195 » de Graville.
4196 » de Granville.
4197 » du Hâvre.
4198 » d'Ingouville.
4201 » de Lille.
4203 » de Lyon.
4205 Ville de Marseille.
4206 » de Morlaix.
4207 » de Nantes.
4208 » d'Oleron.
4209 » d'Orient.
4210 » d'Orléans.
4213 » de Paris.
4215 » de Rennes.
4216 » de Rochefort.
4217 » de Rouen.
4218 » de Saint-Malo.
4219 » de Saint-Omer.
4230 » de Saint-Pierre.
4231 » de St-Servan.
4235 » de St-Valéry.
4236 » de Toulouse.
4237 » de Tréport.
4238 Violette.
4239 Virginie.
4250 » et Gabrielle.
4251 Vol au vent.
4253 Volta.
4256 Voltaire.
4257 Voltigeur.
4258 Voyageur.
4259 Vrai Français.
4260 Wagram.
4261 Xénophon.
4263 Xylon.
4265 Yazoo.
4267 Yoloff.
4268 Yucateco.
4269 Yucatoa.
4270 Zampa.
4271 Zélé.
4273 Zénaïde.
4275 Zénith.
4276 Zénobie.
4278 Zéphir.
4279 Ziéten.
4280 Zilia.
4281 Zoflora.
4283 Zoave.

MARINE MARCHANDE.

NOMS DES NAVIRES MARCHANDS ÉTRANGERS.

LA PREMIÈRE FLAMME DISTINCTIVE

Doit être hissée au-dessus du numéro, ou sur un autre mât.

1
2 Abbott.
3 Abby.
4 Abeona.
5 Aberdeen.
6 Abigail.
7 Aboyne.
8 Abraham.
9 » Newland.
10 » et Moses.
12 Acasta.
13 Acastus.
14 Achilles.
15 Acorn.
16 Acteon.
17 Active.
18 Acton.
19 Actress.
20 Adam.
21 Adamant.
23 Adams.
24 Adelaar.
25 Adelaide.
26 Adeline.
27 Adelphi.
28 Adelphia.
29 Adeona.
30 Admiral.
31 » Berkely.
32 » Cockburn.
34 » Colpoys.
35 » Duncan.
36 » Durham.
37 » Gambier.
38 » Griffiths.
39 » Keates.
40 » Nelson.
41 » Rowley.
42
43 Admittance.
45 Adolphus.
46 Adonis.
47 Adriatic.
48 Advance.
49 Adventure.
50 Advice.
51 Adye.
52 Æolus.
53 Ærial.
54 Æschylus.
56 Africanus.
57 Africa.
58 Agamemnon.
59 Agenoria.
60 Agent.
61 Agincourt.
62 Agnes.
63 Agricola.
64 Agriculture
65 Aid.
67 Aider.
68 Aimwell.
69 Ainsley.
70 Air Balloon.
71 Airsthorpe.
72 Ajax.
73 Alacrity.
74 Albany.
75 Albatross.
76 Albert.
78 Albicore.
79 Albinia.
80 Albion.
81 Albuera.
82 Albury.
83 Alice James.
84 Alchimist.
85 Alcyone.
86 Aldbro'.
87 Aldebaran.
89 Alcide.
90 Alert.
91 Alexander.
92 » Buchanan.
93 Alexis.
94 Alfred.
95 Algerina.
96 Algernon.
97 Alice.
98 Alicia.
102 Alknomac.
103 Allegany.
104 Alliance.
105 Allies.
106 Alligator.
107 Allison.
108 Almeira.
109 Almorba.
120 Alnwick.
123 » Castle.
124 Alonzo.
125
126 Alpha.
127 Alpheus.
128 Althass.
129 Amalia.
130 Amalthea.
132 Amazon.
134 Ambition.
135 Ambler.
136 Ambulator.
137 Amelia.
138 » et Hannah.
139 America.
140 Amos Palmer.
142 American.
143 » Eagle.
145 » Hero.
146 Amethyst.
147 Amiable.
148 » Matilda.
149 Amicus.
150 Amis (les).
152 Amitié (l').
154 Amicitia.
156 Amity.
157 Amlock.
158 Amory.
159 Amphion.
160 Amphitrite
162 Amsterdam.
163 Amwell.
164 Amy.
165 Anacreon.
167 Andalusia.
168 Andersons.
169 Andes.
170 Andorintha.
172 AndreaElizabeth
173 Andriana.
174 Andrew.
175 » Jackson.
176 » Marvell.
178 » Maxwell.
179 » Savage.
180 » et Margaret.
182 Andromeda.
183 Angerona.
184 Ann.
185 » Alexander.
186 Ann. Dalrymple.
187 » Elizabeth.
189 » Grant.
192 » Louisa
193 » Mackenzie.
194 » Resolution.
195 » Robertson.
196 » Susannah.
197 » Williams.
198 » et Betsey.
201 » et Dorothy.
203 » et Elizabeth.
204 » et Fanny.
205 » et Frances.
206 » et Hannah.
207 » et Isabella.
208 » et Maria.
209 » et Mary.
210 » et Sarah.
213 Anna.
214 » Bella.
215 » Catharina.
216 » Christiana.
217 » Gesina.
218 » Louisa.
219 » Margaretta.
230 » Maria.
231 » Mary.
234 Anne.
235 Annie.
236 Annies.
237 Annisquam.
238 Anns.
239 Anson.
240 Ant.
241 Antelope.
243 Anthony.
245 » Mangins.
246 Antiqua.
247 Antoinette.
248 » Maria.
249 Antonia.
250 Anvil.
251 Apollo.
253 Apollonia.
254 Aquilla.
256 Aquilon.
257 Arab.
258 Arabella.
259 Archduke Charl

LA PREMIÈRE FLAMME DISTINCTIVE

Doit être hissée au-dessus du numéro, ou sur un autre mât.

260 Archimedes.
261 Ardent.
263 Arebibo.
264 Arethusa.
265 Argo.
267 Argonaut.
268 Argus.
269 Argyle.
270 Ariadne.
271 Ariel.
273 » Castle.
274 Arion.
275 Aristides.
276 Aristomenes.
278 Ark.
279 Arkley Hall.
280 Amizade.
281 Arno.
283 Arthur.
284 Artuose.
285 Arundel.
286 Asp.
287 Asia.
289 Assiduous.
290 Assistance.
291 Astell.
293 Astrea.
294 Atalanta.
295 Athens.
296 Atkinson
297 Atlantic.
298 Atlas.
301 Atrivida.
302 Avenger.
304 Aventura.
305 Averick.
306 Avigo.
307 Avon.
308 Avonmore
309 Auckland.
310 Augusta.
312 Augustus.
314 Augustus Cæsar.
315 Aurea.
316 Aurelia.
317 Aurora.
318 Auspicious.
319 Australian.
320 Author.
321 Autumn.
324 Ayles.
325 Ayrshire.
326 Azores.
327 Abberton.
328 Ability.
329 Almorah.
340 Antæus.
341 Ardour.
342 Arctic.
343 Astley.
(*Voir* après 6289.)
345 Bacchus.
346 Bachelor.
347 Badajos.
348 Badger.
349 Bainbridge.
350 Ballasteros.
351 Balfour.
352 Balloon.
354 Baltic.
356 » Merchant.
357 » Trader.
358 Baltimore.
359 Bamble.
360 Barbadoes.
361 Barbara.
362 Baring.
364 Barkworth.
365 Barnet.
367 Baron Androssen
368 » Nelson.
369 Baronesse Longueville.
370 Barrett.
371 Barrick.
372 Barrosa.
374 Bartley.
375 Barton.
376 Basse-Terre.
378 Batavia.
379 Batedor.
380 Bayley.
381 Bayard.
382 Beamish.
384 Beatrix.
385 Beaver.
386 Beaufort Castle.
387 Beauty.
389 Bedford.
390 Bee.
391 Belfast.
392 Belford.
394 Belisarius.
395 Bell.
396 » et Susan.
397 Belle Sauvage
398 Belle Isle.
401 Bellmont.
402 Bellona.
403 Belvidere.
405 Belvidera.
406 Belvoir Castle.
407 Ben.
408 » Jonson
409 » Lomond.
410 Bengal.
412 » Merchant.
413 Benjamin.
415 » Franklin.
416 » Rush.
417 Bennett.
418 Benson.
419 Beresford.
420 Bergitha.
421 Berlin.
423 Bernard.
425 Berry Castle.
426 Berwick.
427 » Merchant.
428 » Packet.
429 Berwickshire.
430 Bess.
431 Betsey.
432 » et Ann,
435 » et Mary,
436 » et Mary Ann,
437 » et Peggy,
438 » et Sally,
439 » et Sophia.
450 Betsy.
451 Better luck still.
452 Beverly.
453 Billy Brown.
456 Beculah.
457 Bibby.
458 Biddeford.
459 Bilbiano.
460 Billy.
461 Bingham.
462 Birch.
463 Birmingham.
465 Bison.
467 Bittern.
468 Blackett et Kidl.
469 Blagdon.
470 Blake.
471 Blakeney.
472 Blanche.
473 Blenden Hall.
475 Blenheim.
476 Blessing.
478 Blossom
479 Blucher.
480 Boa Amiyade.
481 » Esperanza.
482 Boa Fortuna.
483 » Ventura.
485 » Uniao.
486 Boddingtons.
487 Bold.
489 Boldon
490 Bolina.
491 Bolton.
492 Bombay Merch.
493 Bonetta.
495 Bonne Victoire.
496 Boston.
497 Bounty.
498 » Hall.
501 Bordeaux.
502 Bowen.
503 Bowes.
504 Boyne.
506 Boyton.
507 Bradford.
508 Bradock.
509 Braganza.
510 Brantsley.
512 Brave.
513 Braunsberg.
514 Brazilian.
516 Bridges.
517 Bridget.
518 Bridgwatr.
519 Bridlington.
520 Bridport.
521 Breadalbane.
523 Brilliant.
524 Brisk.
526 Bristol.
527 Bristol Packet.
528 » Volunteer.
529 » Trader.
530 Britannia.
531 » Packet.
532 British Army.
534 » Hero.
536 » King.
537 » Queen.
538 » Tar.
539 » Union.
540 » Volunteer.
541 Briton.
542 Brixton.
543 Broderick.
546 Brodine.
547 Broke.
548 Brooks.
549 Brotherly Love.
560 Brothers.

LA PREMIÈRE FLAMME DISTINCTIVE

Doit être hissée au-dessus du numéro, ou sur un autre mât.

561 Brothers et Sisters
562 Brothock.
563 Brown.
564 Browne.
567 Broxbornebury.
568 Brunetta.
569 Brunswick.
570 Brutus.
571 Bryan.
572 Borodino.
573 Buccleugh.
574 Bulbury.
576 Bull Dog.
578 Bulmer.
579 Buldon.
580 Burgundy.
581 Burlington.
582 Busiris.
583 Bustler.
584 Busy.
586 Buxar.
587 Byron.
589 Betock.
590 Betty.
591 » et Nelia.
592 Bishop Blaize.
593 Bordeaux Packet
594 Braham Castle.
596 Branston.
597 Brussa.
(*Voir* après 6309.)
598 Cabalva.
601 Cacadore.
602 Cadmus.
603 Cæsar.
604 Calcutta.
605 Caldicot Castle.
607 Caledonia
608 » Packet.
609 Caledonian.
610 Calista.
612 Calliope.
613 Calypso.
614 Cambria.
615 Cambrian.
617 Cambridge.
618 Camden.
619 Camel.
620 Camilla.
621 Camillus.
623 Camperdown.
624 Campion.
625 Cam's Delight.
627 Canada.
628 Canadian.
629 Cameron.
630 Canton.
631 Cape Breton.
632 Caractacus.
634 Caravan.
635 Cardiff Castle.
637 Carl.
638 Carlebury.
639 Carlisle.
640 Carlotta.
641 Carmarthen.
642 Carmelite.
643 Carmen.
645 Carnarvon.
647 Carnatic.
648 Carolina.
649 » Ann.
650 Caroline.
651 » Augusta.
652 Carolus.
653 Carrick.
654 Carshalton Park.
657 Cashier.
658 Cassander.
659 Castalia.
670 Castle.
671 » Huntley.
672 » Lacklan.
673 Castlereagh.
674 Castor.
675 Catilina.
678 Catharina.
679 Catharine.
680 » Anne.
681 » Alice.
682 » Bark.
683 » Green.
684 » Griffith.
685 » Jane.
687 » et Edward.
689 » et Margaret.
690 » Alice.
691 Cato.
692 Caveira.
693 Cecilia.
694 Captain Cook.
695 Celerity
697 Celina.
698 Cenestoga.
701 Ceneus.
702 Centinella.
703 Centurion.
704 Century.
705 Cepheus.
706 Cerberus.
708 Ceres.
709 Ceylon.
710 Cervantes.
712 Champion.
713 Chance.
714 Chapman.
715 Charles.
716 » Carroll.
718 » Forbes.
719 » Grant.
720 » Hamilton.
721 » Henry.
723 » Mills.
724 » Williams.
725 » et Maria.
726 » et Sarah.
728 Charleston Pack.
729 » Charleston et Liverpool Packet.
730 Charlotte.
732 » Gambier.
734 » et Esther.
735 Charlton.
736 Charming Eliza.
738 » Molly.
739 » Nancy.
740 Chatham.
741 Chatty.
742 Chauncey.
743 Cheerful.
745 Cheerly.
746 Chepstow.
748 Cherub.
749 Chesapeak.
750 Chester.
751 Chieftain.
752 Chesterfield.
753 » Packet.
754 Chevy Chace.
756 Chichester.
758 Chilham Castle.
759 Chilton.
760 China.
761 Choice.
762 Choroles.
763 Christian.
764 Christiana.
765 Christiana Maria
768 Christina.
769 Christopher.
780 Chub.
781 Cicero.
782 Ciencia.
783 Circ
784 Citizen.
785 City.
786 » Bourdeaux.
789 » Cork.
791 » Edinburg.
792 » London.
793 Clara.
794 » et Maria.
795 Clarence.
796 Clarendon.
798 Clarissa Ann.
801 Clarkson.
802 Claude Scott.
803 Claudine.
804 Clementi.
805 Clementina.
806 Cleopatra.
807 Cleveland.
809 Cleverly.
810 Clifton.
812 » Union.
813 Clinker.
814 Clio.
815 Clitus.
816 Clothier.
817 Clyde.
819 Colimbos.
820 Clyde Packet.
821 Coaster.
823 Cobourg.
824 Cockatrice.
825 Cockson.
826 Coffee Planter.
827 Coldstream.
829 Colin.
830 Collingwood.
831 Collins.
832 Colonist.
834 Colonel Allan.
835 Columbia.
836 Columbine.
837 Columbus.
839 Comet.
840 Commerce.
841 Commercial.
842 Commodore.
843 Competitor.
845 Comus.
846 Concord.
847 Concordia.
849 Confederacy.
850 Conference.
851 Confianza.
852 Confidence.
853 Congress.
854 Connecticut.

LA PREMIÈRE FLAMME DISTINCTIVE

Doit être hissée au-dessus du numéro, ou sur un autre mât.

856 Conqueror.
857 Constant.
859 Constant Trader.
860 Constantia.
861 Constantine.
862 Constitution.
863 Consul.
864 Content.
865 Contest.
867 Convert.
869 Cookson.
870 Coquet.
871 Cora.
872 Cordelia.
873 Coriolanus.
874 Cosmo.
875 Cork.
876 Corunna.
879 Cornelia.
890 Cornet.
891 Coromandel.
892 Cornwall.
893 Cornwallis.
894 Corporal Trim.
895 Corunna.
896 Cosmopolite.
897 Cossack.
901 Cottage Maid.
902 Cottingham.
903 Cotton.
904 Cove.
905 Coventry.
906 Countess de Bute.
907 » Chichester.
908 » Harcourt.
910 » Leven et Mel.
912 » Lowden.
913 » Morley.
914 Country Man.
915 Country Squire.
916 Courier.
917 Cracker.
918 Crane.
920 Crawford.
921 Creole.
923 Crescent.
924 Crichton.
925 Crisis.
926 Criterion.
927 Crocus.
928 Crosby.
930 Cruiser.
931 Crown.
932 Crown Prince.
934 Cuba.
935 Cuffnells.
936 Culloden.
937 Cumberland.
938 Cumbrian.
940 Charlton Whittal
942 Cunningham.
943 » Boyle.
945 Curaçoa.
946 Curlew.
947 Cyclops.
948 Cybele.
950 Cygnet.
951 Cynthea.
952 Cyprus.
953 Cyrus.
954 Czar.
956 Castle Forbes.
957 Cessnock.
958 Chase.
960 Charente.
(*Voir* après 6352).
961 Dairy Maid.
962 Dale.
963 Dalmarnock.
664 Dalrymple.
965 Damascotta.
967 Dame.
968 Damsel.
970 Danby.
971 Daniel.
972 Danube.
973 Daphne.
974 Darlington.
975 Dart.
976 Dartmouth.
978 Dash.
980 Dasher.
981 David.
982 » Scott.
983 » Shaw.
984 Dauntless.
985 Dawn.
986 Day.
987 Deborah.
1023 Decatur.
1024 Dee.
1025 Defence.
1026 Defiance.
1027 Delaford.
1028 Delaware.
1029 Delaware.
1032 Delight.
1034 Delphin.
1035 Demerara.
1036 Denmark Hill.
1037 Denmark Pack.
1038 Denison.
1039 Denorwic.
1042 Denwich.
1043 Dennington.
1045 Deptfort.
1046 Derry.
1047 Derwent.
1048 Deux Amis.
1049 Devaynes.
1952 Deveron.
1053 Devon.
1054 Devonshire.
1056 Dexterity.
1057 Diadem.
1058 Diamond.
1059 Diana.
1062 Dick.
1063 Dido.
1064 Diligence.
1065 Diligent.
1067 Dinah.
1068 Dinas.
1069 Dioné.
1072 Dispatch.
1073 Division.
1074 Dixon.
1075 Dockfour.
1076 Dolly.
1078 Dolphin.
1079 Dominica.
1082 Don Cossack.
1083 » Domingo.
1084 » Rodrigo.
1085 Doncaster.
1086 Donegal.
1087 Donna Anna.
1089 Donoughmore.
1092 Dora.
1093 Dorchester.
1094 Duke of Norfolk.
1096 Doris.
1097 Dorothea.
1098 Dorothy.
1203 » Cook.
1204 » Forster.
1205 Dorset.
1206 Dos Amigos.
1207 Dos Maria.
1208 Dove.
1209 Dover Castle.
1230 Douglass.
1234 Douro.
1235 Dowson.
1236 Dragon.
1237 Drake.
1238 Draper.
1239 Drie Brothers.
1240 Dromedary.
1243 Dromo.
1245 Drummond.
1246 Dryades.
1247 Duch. d'Orléans
1248 Dublin.
1249 » Packet.
1250 Duch. of Athol.
1253 » Bedford.
1254 » Cumberland.
1256 » Gordon.
1257 » Northumberl.
1258 » Richmond.
1259 » Somerset.
1260 » York.
1263 Duck.
1264 Duckenfield.
1265 » Hall.
1267 Duke.
1268 Duke of Argyle.
1269 » Athol.
1270 » Bedford.
1273 » Clarence.
1274 » Kent.
1275 » Marlbro'.
1276 » Richmond.
1278 » Wellington
1279 » York.
1280 Dumfries.
1283 Duncombe.
1284 Dundee.
1285 Dunlop.
1286 Dunn.
1287 Dunster Castle.
1289 Dunwick.
1290 Durham.
1293 Dwina.
1294 Dykes.
1295 Duke of Cambrid.
1296 » Manchester.
1297 Driver.
1298 Duncan Forbes.
(*Voir* après 6402).
1302 Eagle.
1304 Eaglet.
1305 Ealing Grove.
1306 Earl of Annesley
1307 » Balcarras.
1308 » Buckingham.
1309 » Camden.
1320 » Chester.
1324 » Leicester.

LA PREMIÈRE FLAMME DISTINCTIVE

Doit être hissée au-dessus du numéro, ou sur un autre mât.

1325 Earl of Lonsdale
1326 » Moira.
1327 » Morley.
1328 » Percy.
1329 » Saint-Vincent
1340 » Selkirk.
1342 » Spencer.
1345 Earnest.
1346 Earsden.
1347 Ebenezer.
1348 Ebor.
1349 Ebrington.
1350 Echo.
1352 Eclipse.
1354 Eddyston.
1356 Edgar.
1357 Edinburgh.
1358 » Packet.
1359 Editha.
1360 Edmund.
1362 Edward.
1364 » Bardin.
1365 » Byam.
1367 » Downs.
1368 » Ellis.
1369 » et Charles.
1370 » et Mary.
1372 Edwin Bolton.
1374 Eendraght.
1375 Effort.
1376 Egbert.
1378 Egfrid.
1379 Egginton.
1380 Egham.
1382 Egyptian.
1384 Eight Sisters.
1385 Elbe.
1386 Eleanor.
1387 » et Grace.
1389 » et Jane.
1390
1392 Eleonora.
1394 Electra.
1395 Elephant.
1396 Elfrid.
1397 Elinor et Betty.
1398 Eliza.
1402 » Ann.
1403 » Baird.
1405 » Barker.
1406 » Haily.
1407 » Lord.
1408 » Swan.
1409 » et Ann.
1420 » et Jane.
1423 Eliza et Jean.
1425 » et Margaret.
1426 » et Peggy.
1427 Elizabeth.
1428 » Anderson.
1429 » Hall.
1430 » Johannah.
1432 » Sarah.
1435 » et Filles.
1436 » et Jane.
1437 » et Mary.
1438 Elk.
1439 Ellen.
1450 Ellergill.
1452 Ellice.
1453 Ellison.
1456 Elphinstone.
1457 Ebrington.
1458 Emerald.
1459 Emery.
1460 Emie.
1462 Emilia.
1463 Emilie.
1465 Emlyn.
1467 Emma.
1468 Empr. Alexand
1469 Emulous.
1470 Endeavour.
1472 Endymion.
1473 England.
1475 Enterprize.
1476 Eppleworth.
1478 Equator.
1479 Equestres.
1480 Equity.
1482 Erato.
1483 Erin.
1485 Ene.
1486 Esher.
1487 Esk.
1489 Eslington.
1490 Esmeralda.
1492 Esperance.
1493 Esperanza.
1495 Essen.
1496 Essex.
1497 Esther.
1498 Ethelred.
1502 Evergreen.
1503 Everthorp.
1504 Eugenie.
1506 Euphemia.
1507 Euphrates.
1508 Euretta.
1509 Europa.
1523 Europe.
1524 Eurydice.
1526 Exchange.
1527 Exe.
1528 Exeter.
1529 Exmouth.
1530 Expedition.
1532 Experience.
1534 Experiment.
1536 Expert.
1537 Express.
1538 Exportation.
1539 Earl of Belfast.
1540 » Clancarty.
1542 » Northesk.
1543 » Talbot.
1546 Enchantress.
1547 Eliz. et Hannah.
1548 Edw. Protheroe.
(*Voir* après 6420).
1549 Factor.
1560 Fair American.
1562 » Arcadian.
1563 » Bahamian.
1564 » Briton.
1567 » Cambrian.
1568 » Hibernian.
1569 » Trader.
1570 Fairfield.
1572 Fairlie.
1573 Fairy.
1574 Faith.
1576 Falcon.
1578 Falmouth.
1579 Fama.
1580 Fame.
1582 Famme.
1583 Fancy.
1584 Fanny
1586 Farina.
1587 Farmer.
1589 Farmer's Advent
1590 Farnham.
1592 Fates.
1593 Favorite.
1594 Fawcett.
1595 Fawn.
1597 Fearon.
1598 Feliciana.
1602 Felicity.
1603 Felix.
1604 Female.
1605 Ferdinand.
1607 Ferdinanden.
1608 Fergus.
1609 Fergusson.
1620 Fernando VII.
1623 Fernax.
1624 Feronia.
1625 Ferret.
1627 Ferriby.
1628 Fidelity.
1629 Fides.
1630 Field.
1632 Fielding.
1634 Fife.
1635 Fifeshire.
1637 Financier.
1638 Finch.
1639 Finchett.
1640 Findley.
1642 Findon.
1643 Fingal
1646 Fire Fly
1647 Firm.
1648 First Blucher.
1649 Fisher.
1650 » Ames.
1652 Five Brothers.
1653 » Sisters.
1654 Flanders.
1657 Flaxley.
1658 » Abbey.
1659 Fleece.
1670 Fleetwood.
1672 Fletcher.
1673 Flor.
1674 Flora.
1675 Florenza.
1678 Florida.
1679 Flower of Edinburgh.
1680 Fly.
1682 Flying Fish.
1683 Forbes.
1684 Ford.
1685 Formosa.
1687 Forrester.
1689 Fort William.
1690 Forth.
1692 Fortitude.
1693 » Increased.
1694 Fortuna.
1695 Fortunatus.
1697 Fortune.
1698 Foundling.
1702 Fountain.
1703 Four Brothers.
1704 » Johns.
1705 » Sisters.

LA PREMIÈRE FLAMME DISTINCTIVE

Doit être hissée au-dessus du numéro, ou sur un autre mât.

1706 Four Sons.
1708 » Friends.
1709 Fowey.
1720 Fox.
1723 Foxhound.
1724 Foyle.
1725 Frances.
1726 » Ann.
1728 » Henrietta.
1729 Francis.
1730 » Ann.
1732 » Freeling.
1734 » et Elizabeth
1735 » et Eliza.
1736 François Ier.
1738 Frankfort.
1739 Franklin.
1740 Frederica.
1742 Frederic.
1743 » Augusta.
1745 » Henrick.
1746 Fredericksltern.
1748 Fredonia.
1749 Free Briton.
1750 » Love.
1752 » Ocean.
1753 Freedom.
1754 Friends.
1756 » Adventure.
1758 » Delight.
1759 » Endeavour.
1760 » Good Will.
1762 » Increase.
1763 » Regard.
1764 Friendschaft.
1765 Friendship.
1768 Frodingham.
1769 Funchall.
1780 Furley.
1782 Fanny Voase.
1783 Fairly.
1784 Fenniscowles.
1785 Friendsbury.
1786 Frolic.
1789 Fulham.
(*Voir* après 6459.)
1790 Garret.
1792 General Bour.
1793 Grampians.
1794 Gainsborough.
1795 Galatea.
1796 Galen.
1798 Galgo.
1802 Gallant.
1803 Gambier.
1804 Ganges.
1805 Gannet.
1806 Gardener.
1807 Garland.
1809 Garthland.
1820 Gaspee.
1823 Gemini.
1824 General Opodaca.
1825 » Blucher.
1826 » Brock.
1827 » Craig.
1829 » Doyle.
1830 » Elliot.
1832 » Graham.
1834 » Green.
1835 » Hamilton.
1836 » Harris.
1837 » Hewit.
1839 » Hunter.
1840 » Jackson.
1842 » Kempt.
1843 » Knox.
1845 » Kyd.
1846 » Lincoln.
1847 » Macomb.
1849 » Miranda.
1850 » Moore.
1852 » Murray.
1853 » Phipps.
1854 » Picton.
1856 » Small.
1857 » Smith.
1859 » Stewart.
1860 » Techernishoff.
1862 Generous Friends.
1863 » Planter.
1864 George.
1865 » Augustus.
1867 » Canning.
1869 » Dyer.
1870 » Hibbert.
1872 » Ponsonby.
1873 » Third.
1874 » Washington
1875 » et Ann.
1876 » et Elenor.
1879 » et Elisabeth
1890 » et James.
1892 » et Mary.
1893 » et Robert.
1894 » et Susan.
1895 » et Susanna.
1896 George et Thomas.
1897 » 's Adventure.
1902 Georgia.
1903 » Packet.
1904 Georgiana.
1905 Gerona.
1906 Gertrude.
1907 Gibraltar.
1908 Gideon.
1920 Gilbert Henderson.
1923 Gipsey.
1924 Glamorgan.
1925 Glasgow.
1926 Glatton.
1927 Gleaner.
1928 Glenbervie.
1930 Glenmore
1932 Glantaner.
1934 Globe.
1935 Glory.
1936 Glucklick Charlotte.
1937 » Erwagting.
1938 Golconda.
1940 Golden Age.
1942 » Fleece.
1943 » Grove.
1945 Goldfinch.
1946 Gold-hunter.
1947 Golfinho.
1948 Good Agreement.
1950 » Czar.
1952 » Friends.
1953 » Hope.
1954 » Intent.
1956 » Statesman.
1957 » Son.
1958 » Will.
1960 Goodwood.
1962 Goree.
1963 Gosport.
1964 Gottenburg.
1965 Governor Carver.
1967 » Halkett.
1968 » Harcourt.
1970 » Milne.
1972 » Rafles.
1973 » Smith.
1974 » Strong.
1975 Gondies.
1976 Gowan.
1978 Grace.
1980 Graces.
1982 Grand Cruz.
1983 » Turk.
1984 Granger.
1985 Grant.
1986 Grantham.
1987 Grasshopper.
2013 Gratitude.
2014 Great Britain.
2015 Greenfield.
2016 Greenhow.
2017 Green Linnet.
2018 Greenwell.
2019 Greenwich.
2031 Grenada.
2034 Grenville Bay.
2035 Greyhound.
2036 Grocer.
2037 Grog.
2038 Guadeloupe.
2039 Guadiana.
2041 Guardian.
2043 Gubernador.
2045 Guilford.
2046 Gulliver.
2047 Gulph of Paria.
2048 Gunson.
2049 Gustaf Adolph.
2051 Gustavus.
2053 George Bickerton.
2054 » Daysh.
2056 » Third.
2057 Governor Griswold.
2058 Greenock.
2059 Guard.
(*Voir* après 6437.)
2061 Haabet.
2063 Habnab.
2064 Haddock.
2065 Halcyon.
2067 Haliday.
2068 Halifax.
2069 Halls.
2071 Hamberry.
2073 Hambletonian.
2074 Hamilton.
2075 Hamlet.
2076 Hannah.
2078 » Mary.
2079 » et Eliza.
2081 Hannahs.

LA PREMIÈRE FLAMME DISTINCTIVE

Doit être hissée au-dessus du numéro, ou sur un autre mât.

2083 Hannibal.
2084 Hanover.
2085 Hantonio.
2086 Happy.
2087 » Couple.
2089 » Return.
2091 Harbinger.
2093 Harboard.
2094 Hardwarden Castle.
2095 Hardy.
2096 Hare.
2097 Harewood.
2098 Harford.
2103 Harmonie.
2104 Harmony.
2105 Harp.
2106 Harpooner.
2107 Harriet.
2108 Harrington.
2109 Harrison.
2130 Harrisons.
2134 Harry.
2135 Hartford.
2136 Hartley.
2137 Horton.
2138 Harvest.
2139 Hervey.
2140 Hassan.
2143 Hatt.
2145 Havock.
2146 Hawk.
2147 Hawker.
2148 Hawksbury.
2149 Hazard.
2150 Head.
2153 Heart of Oak.
2154 Hebble.
2156 Hebe.
2157 Hebrus.
2158 Hector.
2159 Helen.
2160 Helens.
2163 Helena.
2164 » Aurora.
2165 » Catharina.
2167 Helicon.
2168 Helmsley.
2169 Helvetius.
2170 Hemer.
2173 Henderson.
2174 Hendrick.
2175 Henricus.
2176 Henrietta.
2178 Henry.
2179 Henry Addington.
2180 » Cerf.
2183 » Clay.
2184 » Dundas.
2185 » Hastings.
2186 » Wellesley.
2187 » et Elizabeth.
2189 » et Jane.
2190 » et Mary.
2193 Henrys.
2194 Hepsa.
2195 Herald.
2196 Hercules.
2197 Herefordshire.
2198 Herman.
2301 Hermione.
2304 Hermosa Rita.
2305 Hero.
2306 » of the Nile.
2307 Héroine.
2308 Herring.
2309 Herstelling.
2310 Hessen.
2314 Hebster.
2315 Hetty.
2316 Heywood.
2317 Hibernia.
2318 Hickman.
2319 Hifield.
2340 Higginson.
2341 Highflyer.
2345 Higson.
2346 Hilda.
2347 Hilsborough.
2348 Hilton.
2349 Hichinbrook.
2350 Hind.
2351 Hindostan.
2354 Hippocampi.
2356 Hippolyta.
2357 Hiram.
2358 Hob and Nob.
2359 Hodgkinson.
2360 Hoffnung.
2361 Holderness.
2364 Holker.
2365 Holland.
2367 Homer.
2368 Honduras Pack.
2369 Horn.
2370 Horne Castle.
2371 Honor.
2374 Hoop.
2375 Hooton.
2376 Hope.
2378 Hopewell.
2379 Horace.
2380 Horatio.
2381 Horizon.
2384 Hornby.
2385 Hornet.
2386 Horseley Hill.
2387 Hotspur.
2389 Hound.
2390 Howard.
2391 Howe.
2394 Howland.
2395 Huddart.
2396 Huddersfield.
2397 Hudson.
2398 Hugh.
2401 » Crawford.
2403 » Inglis.
2405 » Jones.
2406 Hull.
2407 Humber.
2408 Hunter.
2409 Huntress.
2410 Huron.
2413 Hussar.
2415 Hussaren.
2416 Hyder Ally.
2417 Hyndman.
2418 Hyperion.
2419 Hastings.
2430 Hermes.
2431 Hewsingson.
2435 Hew Singers.
2436 Hottentot.
(*Voir* après 6512).
2437 Jack.
2438 » Tar.
2439 Jackall.
2450 Jackson.
2451 Jamaica.
2453 James.
2456 » Bailey.
2457 » Berridge.
2458 » Cook.
2459 » Dunlop.
2460 » Hamilton.
2461 » Harris.
2463 » Madison.
2465 » Sibbald.
2467 » et Ann.
2468 » et Agnes.
2469 » et Archibald.
2470 James et Catharine.
2471 » et David.
2473 » et John.
2475 » et Margaret
2476 » et Mary.
2478 » et William
2479 Jane.
2480 » Barnes.
2481 » Bourn.
2483 » Gordon.
2485 » M. Cleery.
2486 » Montgomery.
2487 » et Alice.
2489 » et Barbara.
2490 » et Bell.
2491 » et Betty.
2493 » et Elizabeth.
2495 » et Emma.
2496 » et Margaret
2497 » et Mary.
2498 Janes.
2501 Janet.
2503 » Dunlop.
2504 » et Catharine.
2506 » et Mary.
2507 Jannets.
2508 Janus.
2509 Jason.
2510 Jasper.
2513 Java.
2514 Ibis.
2516 Ida.
2517 Idas.
2518 Jean.
2519 » et Jessy.
2530 Jane.
2531 Jeannie.
2534 Jeannies.
2536 Jeffeson.
2537 Jemima.
2538 Jenny.
2539 » et Jane.
2540 Jeremiah.
2541 Jess et Flora.
2543 Jessy.
2546 Jerry.
2547 Jessie Watson.
2548 Jessies.
2549 Jeune Pierre.
2560 Illinois.
2561 Illuminator.

LA PREMIÈRE FLAMME DISTINCTIVE

Doit être hissée au-dessus du numéro ou sur un autre mât.

2563 Imogen.
2564 Importer.
2567 Indefatigable.
2568 Independance.
2569 India.
2570 Indian.
2571 » Chief.
2573 » Hunter.
2574 » Oak.
2576 » Packet.
2578 » Queen.
2579 » Trader.
2580 Indus.
2581 Industrie.
2583 Industrious.
2584 » Helen.
2586 Industry.
2587 Inglis.
2589 Ingria.
2590 Innocentia.
2591 Inspector.
2593 Integrity.
2594 Intent.
2596 Intercourse.
2597 Interitus.
2598 Intrepid.
2601 Intrinsic.
2603 Inverness.
2604 » et Cromarty.
2605 Josquina.
2607 Joan.
2608 Joao.
2609 Jobson.
2610 Johanna.
2613 » Elizabeth.
2614 » Sophia.
2615 Johannes.
2617 John.
2618 » Adams.
2619 » Anderson.
2630 » Baker.
2631 » Bainbrige.
2634 » Barry.
2635 » Bull.
2637 » Buchanan.
2638 » Campbell.
2639 » Catto.
2640 » Crawford.
2641 » Craig.
2643 » Crowther.
2645 » Dickinson.
2647 » Dixon.
2648 » Edward.
2649 » Esdaile.
2650 » Frith.
2651 John Guise.
2653 » James.
2654 » Inglis.
2657 » Kearsley.
2658 » M'Camon.
2659 » Murphy.
2670 » Parish
2671 » Reed.
2673 » Richard.
2674 » Stone.
2675 » Tobin.
2678 » Trowton.
2679 » Watson.
2680 » et Ann.
2681 » et Betsey.
2683 » et Catherine.
2684 » et Charles.
2685 » et Charlotte
2687 » et Dorothy.
2689 » et Edward.
2690 » et Eleanor.
2691 » et Elizabeth
2693 » et Frances.
2694 » et George
2695 » et Hannah.
2697 » et Jane.
2698 » et Joseph.
2701 » et Isabella.
2703 » et Mary.
2704 » et Richard.
2705 » et Robert.
2706 » et Sally.
2708 » et Samuel.
2709 » et Sarah.
2710 » et Thomas.
2713 Johns.
2714 Johnston.
2715 Jolly Batchelor.
2716 » Farmer.
2718 Jonah.
2719 Jonge Adèle.
2730 » Amelia.
2731 » Charlotte.
2734 » Christian.
2735 » Lendert.
2736 » Louisa.
2738 » Maria.
2739 » Mathias.
2740 » Pieter.
2741 Joseph.
2743 » Ricketson.
2745 » et Ann.
2746 » et Jane.
2748 Joseph et Mary.
2749 Josephine.
2750 Josephus.
2751 Joshua.
2753 Ipswich.
2754 Irené.
2756 Iris.
2758 Iowa.
2759 Irlam.
2760 Irton.
2761 Irwin.
2763 Isaac.
2764 » Todd.
2765 » et Jane.
2768 Isabel.
2769 Isabella.
2780 » Henderson.
2781 » Simpson.
2783 » Watt.
2784 » et Helen.
2785 » et Joseph.
2786 » et Maria.
2789 Isea.
2790 Isis.
2791 Isle of Thanet.
2793 Juanna Vittoria
2794 Jubilee.
2795 Judith.
2796 Juffrow Augusta.
2798 » Gesina.
2801 » Johanna.
2803 Julia.
2804 » Jacobina.
2805 Francis et Mary
2806 Julian.
2807 Juliana.
2809 Julie.
2810 Julius.
2813 » Cæsar.
2814 Juno.
2815 Jupiter.
2816 Justina.
2817 Justinia.
2819 Justus.
2830 Intrepid Packet.
2831 Ionia.
2834 James et Elisabeth.
2835 John Dougan.
2836 » Echlin.
2837 June.
(*Voir* après 6549).
2839 Kangaroo.
2840 Kate.
2841 Katharine.
2843 Katty.
2845 Kaufhandel.
2846 Keddington.
2847 Kelly.
2849 Kelsie Wood.
2850 Kelton.
2851 Kelvin Castle.
2853 Kelvin Grove.
2854 Kelvington.
2856 Kennesley Castle.
2857 Kent.
2859 Kentish.
2860 Kentucky.
2861 Ketty.
2863 Kiero.
2864 Killingbeck.
2865 Kilmarnock.
2867 King.
2869 » David.
2870 » George.
2871 » of Prussia.
2873 » of Sweden.
2874 Kingsmill.
2875 Kingsmore.
2876 Kingston.
2879 Kinlock.
2890 Kitty.
2891 Kirkella.
2893 Kirkman.
2894 Kleine Hendrick.
2895 Knapton.
2896 Knasbro.
2897 Koran.
2901 Katherine Stewart Forbes.
2903 Kellie Castle.
(*Voir* après 6594.)
2904 Lalla Rook.
2905 Lotus.
2906 Lord Venmore.
2907 Lean.
2908 L'Aigle.
2910 La Belle.
2913 La Liberté.
2914 Lacy.
2915 Lady Andover.
2916 » Ann.
2917 » Annabella.
2918 » Arrabella.
2930 » Augusta.
2931 » Banks.
2934 » Betsey.

LA PREMIÈRE FLAMME DISTINCTIVE

Doit être hissée au-dessus du numéro, ou sur un autre mât.

2935 Lady Boringdon
2936 » Bulkeley.
2937 » Campbell.
2938 » Caroline.
2940 » Carrington.
2941 » Castlereagh
2943 » Catheart.
2945 » Charlotte.
2946 » Coote.
2947 » Cremorn.
2948 » Emily Berkeley.
2950 » Fitzgerald.
2951 » Flora.
2953 » Florence.
2954 » Ford.
2956 » Forbes.
2957 » Frances.
2958 » Galatin.
2960 » Gordon.
2961 » Hannah Ellice.
2963 » Harewood
2964 » Hill.
2965 » Holland.
2967 » Hood.
2968 » Hughes.
2970 » Juliana.
2971 » Kenmore.
2973 » Kinnaird.
2974 » Louisa.
2975 » Lushington
2976 » Mackworth
2978 » Mary.
2980 » Mary Pelham.
2981 » Melville.
2983 » Montgomery.
2984 » Nelson.
2985 » Nugent.
2986 » Pelham.
2987 » Penrhyn.
3012 » Prevost.
3014 » Ridley.
3015 » Sarah Price
3016 » Sherbrook.
3017 » Stanley.
3018 » Trowbrige
3019 » Warren.
3021 » Wellington
3024 Lad's Delight.
3025
3026 Lady of the Lake.
3027 Letitia.
3028 Laforey.
3029 Lamb.
3041 Lancaster.
3042 Lang.
3045 Langford.
3046 Langley.
3047 Langton.
3048 Lapwing.
3049 Larch.
3051 Lark.
3052 Larkins.
3054 Lascelles.
3056 Latona.
3057 Lavinia.
3058 Laura.
3059 » Ann.
3061 Laurel.
3062 Layton.
3064 Leander.
3065 Leda.
3067 Lee.
3068 Leeds Packet.
3069 Legal Tender.
3071 Leighton.
3072 Leipsig.
3074 Leith.
3075 Leonidas.
3076 Leopard.
3078 L'espoir.
3079 Lise.
3081 Lister.
3082 Levant.
3084 Leviathan.
3085 Lewis.
3086 Liberality.
3087 Liberty.
3089 Licence.
3091 Liddell.
3092 Ligero.
3094 Lightfoot.
3095 Lightning.
3096 Lilly.
3097 Limerick Trader.
3098 Lincoln.
3102 Lindsey.
3104 Linen Hall.
3105 Lion.
3106 Lisbon.
3107 Little Ann.
3108 » Belt.
3109 » Betsey.
3120 » Cherub.
3124 » Dudley.
3125 Little Jane.
3126 » John.
3127 » Mary.
3128 » Sally.
3129 » Sam.
3140 Lively.
3142 Liverpool.
3145 » Packet.
3146 » Trader.
3147 Livingston.
3148 Livonia.
3149 Lizard.
3150 Llan Rumney.
3152 Lloyds.
3154 Loan.
3156 Loft.
3157 Logan.
3158 London.
3159 » Packet.
3160 » Trader.
3162 » et Berwick.
3164 Lord Barham.
3165 » Belhaven.
3167 » Carrington.
3168 » Castlereagh.
3169 » Catheart.
3170 » Cawdor.
3172 » Cochrane.
3174 » Collingwod
3175 » Cranstoun.
3176 » Donegal.
3178 » Duncan.
3179 » Dundas.
3180 » Dupplin.
3182 » Eldon.
3184 » Exmouth.
3185 » Fife.
3186 » Forbes.
3187 » Gambier.
3189 » Gardner.
3190 » Grey.
3192 » Hill.
3194 » Hobart.
3195 » Howe.
3196 » Howick.
3197 » Hungerfort.
3198 » Keith.
3201 » Kinnaird.
3204 » Lindock.
3205 » Melville.
3206 » Middleton.
3207 » Mulgrave.
3208 » Nelson.
3209 » Nidry.
3210 » Normanby.
3214 Lord St-Helen's.
3215 » Sidmouth.
3216 » Somers.
3217 » Suffield.
3218 » Vernon.
3219 » Wellington.
3240 » Whitworth.
3241 Lorenzo.
3245 Lorina.
3246 Lorton.
3247 Lothair.
3248 Lottery.
3249 Lovely.
3250 » Ann.
3251 » Cruiser.
3254 » Jane.
3256 » Peggy.
3257 » Sally.
3258 » Louisa.
3259 Louisa.
3260 » Hannah.
3261 Louis-Philippe.
3264 Lowjee Family.
3265 Lowther Castle.
3267 Loyal Briton.
3268 » Sam.
3269 » Volunteer.
3270 Loyalist.
3271 Loyalty.
3274 Lucia.
3275 Lucies.
3276 Lucksall.
3278 Lucy.
3279 » Maria.
3280 » et Maria.
3281 Lund.
3284 Lune.
3285 Lusitania.
3286 Lustre.
3287 Lycurgus.
3289 Lydia.
3290 Lynx.
3291 Lyra.
3294 La Plata.
3295 Leipsig Packet.
3296 Léopold.
3297 Lowland Lass.
(*Voir* après 6701.)
3298 Macclesfield.
3401 M'Dougall.
3402 Macedon.
3403 Mackarel.
3406 Madelina.
3407 Madoc.
3408 Magdalen.

LA PREMIÈRE FLAMME DISTINCTIVE

Doit être hissée au-dessus du numéro, ou sur un autre mât.

3409 Magistrate.
3410 Magnet.
3412 Maid.
3415 » of the Mill.
3416 Maida.
3417 Maimax.
3418 Maiester.
3419 Majestic.
3420 Maitland.
3421 Malabar.
3425 Malden.
3426 Malta.
3427 Malvina.
3428 Malward.
3429 Manchester.
3450 Mandarin.
3451 Mangles.
3452 Manhatan.
3456 Manique.
3457 Manlius.
3458 Manly.
3459 Manning.
3460 Mantle.
3461 Mantura.
3462 Manualla.
3465 Marathon.
3467 Marazion.
3468 Marcellus.
3469 Marchioness of Ely.
3470 » Exeter.
3471 » Huntley.
3472 » Queensbury
3475 » Salisbury.
3476 » Wellesly.
3478 Margaret.
3479 » Ann.
3480 » Bogle.
8481 » Wilson.
3482 » et Ann.
3485 » et Francis.
3486 » et Jane.
3487 » et Sarah.
3489 Margarets.
3490 Margaretha-Sophia.
3491 Margaretta.
3492 » et Elisabeth
3495 Margarita.
3496 Margate.
3497 Margerie.
3498 Maria.
3501 » Amélie.
3502 » Ann.
3504 » Anna.
3506 Maria Antonia.
3507 » Crowther.
3508 » Dolores.
3509 » Johanna.
3510 » Kerstin.
3512 » Matilda.
3514 » Penn.
3516 Tres Amigos.
3517 » et Ann.
3518 Marian.
3519 Marianna.
3520 Marianne.
3521 Marius.
3524 Mariner.
3526 Mariners.
3527 Marion.
3528 » Scotland.
3529 Marmion.
3540 Marmount.
3541 Marly.
3542 Marnero.
3546 Marnhall.
3547 Marquis of Anglesea.
3548 » Camden.
3549 » Cornwallis.
3560 Musidora.
3561 Marquis of Ely.
3562 » Huntley.
3564 » de Romana.
3567 » Wellesley.
3568 » Wellington.
3569 Mars.
3570 Marsh.
3571 Marshall.
3572 Marshal Blucher
3574 » Wellington.
4576 Marshland.
3578 Martha.
3579 » Brae.
3580 » et Hannah
3581 Martin.
3582 Marvinia.
3584 Mary.
3586 » Alice.
3587 » Almy.
3589 » Ann.
3590 » Frances.
3591 » Dorothy.
3592 » Ellen.
3594 » Fell.
3596 » Ford.
3597 » Jane.
3598 » Isabella.
3601 » Louisa.
3602 Mary Whittle.
3604 » et Ann.
3605 » et Bell.
3607 » et Betsey.
3608 » et Eliza.
3609 » et Elizabeth
3610 » et Frances.
3612 » et Jane.
3614 » et Jean.
3615 » et Margaret
3617 » et Sally.
3618 » et Susan.
3619 » et Susanna.
3620 Maryland.
3621 Marys.
3624 Masbro'.
3625 Medora.
3627 Mason's Daughter.
3628 Massachusets.
3629 Massasoet.
3640 Matchless.
3641 Materosa.
3642 Matilda.
3645 Matlock.
3647 Matty.
3648 Matthew.
3649 » et Thomas.
3650 Maximilian.
3651 Maxwel.
3652 May.
3654 Mayflower.
3657 Maysville.
3658 Meanwell.
3659 Mearns.
3670 Mecklenbourg.
3671 Medina.
3672 Mediterranean.
3674 Medusa.
3675 Medway.
3678 Melampus.
3679 Melantha.
3680 Melantho.
3681 Melonie
3682 Melpomene.
3684 Melrose.
3685 Melville.
3687 Menelaus.
3689 Mennie.
3701 Mentor.
3702 Mercator.
3704 Merced.
3705 Merchant.
3706 » 's Array.
3708 » 's Friends.
3709 Mercie.
3710 Mercurius.
3712 Mercury.
3714 Mercy.
3715 Meridian.
3716 Merlin.
3718 Mexico.
3719 Mermiad.
3720 Merope.
3721 Merrimack.
3724 Mersey.
3725 Mervin.
3726 Mervinia.
3728 Messenger
3729 Messmate.
3740 Metcalfe.
3741 Meteor.
3742 Meter
3745 Melhoen Castle.
3746 Mexicane.
3748 Michael.
3749 » et Mary.
3750 Midas.
3751 Middleton.
3752 Middlesex.
3754 Milan.
3756 Milbanke.
3758 Milham.
3759 Milford.
3760 Milo.
3761 Milton.
3762 Mina.
3764 Mineral Spring.
3765 Minerva.
3768 » Smith.
3769 Minstrel.
3780 Mint.
3781 Miranda.
3782 Miss Douglas.
3784 » Platoff.
3785 » Smyth.
3786 Mississipi.
3789 Mister.
3790 Mitchell Grove.
3791 Modesty.
3792 Moffatt.
3794 Mohawk.
3795 Moira.
3796 Molly.
3798 » et Paggy.
3801 Mona.
3802 Moro Castle.
3804 Monica.
3805 Monmouth.
3806 Monsoon.

LA PREMIÈRE FLAMME DISTINCTIVE

Doit être hissée au-dessus du numéro, ou sur un autre mât.

3807 Montcello.
3809 Montreal.
3810 Moreland.
3812 Morgan Rattler.
3814 Morley.
3815 Morning Star.
3816 Mornington.
3817 Morton.
3819 Moscow.
3820 Moses Brown.
3821 Moston.
3824 Mountaineer.
3825 Mount Hope.
3826 » Vernon.
3827 » 's Bay.
3829 Mulgrave Castle.
3840 Mutual.
3841 Myrtle.
3842 Malay.
3845 Margt. Wright.
3846 Marsham.
3847 Mary Gilliot.
3849 Mary Swan.
3850 Mexico.
3851 Mirables.
3852 Missouri.
3854 Morris.
(*Voir* après 6749.)
3856 Nabby.
3857 Naiad.
3859 Nancy.
3860 » Ann.
3861 » et Mary.
3862 Nanny.
3864 Naomi.
3865 Napean.
3867 Napoleon.
3869 Narcissus.
3870 Narford.
3871 Narova.
3872 Nassau.
3874 Natchez.
3875 Nathan.
3876 Native.
3879 Navigator.
3890 Nautilus.
3891 Naylor.
3892 Nearchus.
3894 Neath Castle.
3895 » Trader.
3896 Ned Alyn.
3897 Neleus.
3901 Nelly.
3902 Nelson.
3904 Nemesis.
3905 Nen.
3906 Neptune.
3907 Neptunus.
3908 Nereiad.
3910 Nereus.
3912 Nerina.
3914 Nesbit.
3915 Nestor.
3916 Nessos.
3917 Netley.
3918 Neva.
3920 Neutrality.
3921 New Active.
3924 » Ann.
3925 » Anson.
3926 » Astley.
3927 » Augustine.
3928 » Bee.
3940 » Blessing.
3941 » Blossom.
3943 » Braganza.
3945 » Danby.
3946 » Darlington.
3947 » Fair Trader
3948 » Friends.
3950 » Flora.
3951 » Frederic.
3952 » Galen.
3954 » Goodintent
3956 » Hope.
3957 » John.
3958 » Isabella.
3960 » Liberty.
3961 » Liverpool.
3962 » Mary.
3964 » Minerva.
3965 » Orleans.
3967 » Packet.
3968 » Phœnix.
3970 » Shoreham.
3971 » Speedwell.
3972 » Triton.
3974 » York.
3975 » Zealander.
3976 Newbury.
3978 Newcastle.
3980 » Packet
3981 » Trader
3982 Newland.
3984 Newry.
3985 Newton.
3986 Niagara.
3987 Nicholas.
4012 Nicholson.
4013 Nidaros.
4015 Niger.
4016 Nightingale.
4017 Nile.
4018 Nimble.
4019 Nimrod.
4021 Nine Sisters.
4023 Nixon.
4025 Noah.
4026 Necton.
4027 Nonsuch.
4028 Norfolk.
4029 » Hero.
4031 » Packet.
4032 Norris Castle.
4035 Northampton.
4036 North America.
4037 » Ash.
4038 » Briton.
4039 » Cray.
4051 North Star.
4052 Northern Liberties.
4053 Northumberland.
4056 Northumbrian.
4057 Norton.
4058 Norval.
4059 Norwich.
4031 Numa.
4062 Numancia.
4063 Nymph.
4065 Nathaniel.
4067 Nelly et Kitty.
4068 Nepos.
4069 New Albion.
4071 » Harmony.
4072 » Volunteer.
4073 » Nottingham
(*Voir* après 6801.)
4075 Oak.
4076 Oakes.
4078 Oakhampton.
4079 Oakwell.
4081 Ocean.
4082 Oceano.
4083 Octave.
4085 Octavia.
4086 Odin.
4087 OEconomist.
4089 OEconomy.
4091 Ogle Barony.
4092 Old Friend.
4093 » Maid.
4095 Olivia.
4096 Olive Leaf.
4097 Olympus.
4098 Omega.
4102 Omnibus.
4103 Omnium.
4105 Ondernemng.
4106 Oneida.
4107 Only Son.
4108 Onslow.
4109 Ontario.
4120 Onyx.
4123 Ophelia.
4125 Oporto.
4126 » Packet.
4127 Oracabeza.
4128 Orange.
4129 Orb.
4130 Orestes.
4132 Orford.
4135 Oriana.
4136 Orient.
4137 Orion.
4138 Orlando
4139 Ormus.
4150 Oromocto.
4152 Oroonoka.
4153 Orozembo.
4156 Orphan.
4157 Orpheus.
4158 Orris.
4159 Orus.
4160 Oryza.
4162 Orswell.
4163 Osbaldeston.
4165 Osbourne.
4167 Oscar.
4168 Osnaburg.
4169 Ospray.
4170 Ospriecht.
4172 Ossian.
4173 Oswin.
4175 Othello.
4176 Otho.
4178 Ottawa.
4179 Otter.
4180 Ottis.
4182 Ovington.
4183 Oughton.
4185 Ouse.
4186 Ouselonack.
4187 Oxenhope.
4189 Oxford.
4190 Odessa.
4192 Oriental.
4193 Oronoco.

LA PREMIÈRE FLAMME DISTINCTIVE

Doit être hissée au-dessus du pavillon, ou sur un autre mât.

4195 Orwell.
4196 Osgood.
4197 Ostend Packet.
(*Voir* après 6815).
4198 Pacific.
4201 Packet.
4203 » de Bilboa.
4205 » of Boston.
4206 » de Brazil.
4207 » Espanola.
4208 » de Siera.
4209 Palace.
4210 Palafox.
4213 Palemon.
4215 Palinurus.
4216 Palimure.
4217 Palladium.
4218 Pallas.
4219 Palmura.
4230 Palmyra.
4231 Pandora.
4235 Panope.
4236 Panther.
4237 Paragon.
4238 Paris.
4239 Park.
4250 Parker.
4251 » et Sons.
4253 Parnasso.
4256 Parthian.
4257 Partridge.
4258 Pastora.
4259 Patent.
4260 Patience.
4261 Patriot.
4263 Patriotic.
4265 Patty.
4267 Paulina.
4268 Pedra.
4269 Pearl.
4270 Peggy.
4271 » et Kitty.
4273 » et Mary.
4275 Peirsons.
4276 Pelham.
4278 Pelican.
4279 Pembroke.
4280 Penelope.
4281 Penguin.
4283 Penketh.
4285 Penobscott.
4286 Penrhyn.
4287 Penrhyn Castle.
4289 Penrose.
4290 Perceval.
4291 Percy.
4293 Peregrina.
4295 Perfect.
4296 Perola.
4297 Perran.
4298 Perseverance.
4301 Perseus.
4302 Pert.
4305 Peru.
4306 Peter.
4307 » Ellice.
4308 » Proctor.
4309 » et Sarah.
4310 Peterel.
4312 Peterhead.
4315 Petersburgh.
4316 Petrus.
4317 Pharos.
4318 Pheasant.
4319 Philadelphia.
4320 Philip.
4321 » Christiana.
4325 » Tabb.
4326 » et Mary.
4327 Philipe.
4328 Philippa.
4329 Phillis.
4350 Philosoph.
4351 Phocion.
4352 Phœbe.
4356 Phœbus.
4357 Phœnix.
4358 Phylleria.
4359 Picton.
4360 Piedade.
4361 Pigott.
4362 Pilchard.
4365 Pilgrim.
4367 Pilhead.
4368 Pillot.
4369 Pindus.
4370 Poton.
4371 Pitt.
4372 Pizarro.
4375 Placentia.
4376 Place.
4378 Planet.
3479 Plantagenet.
4380 Planter.
4381 Plato.
4382 Platoff.
4385 Pleasant Hill.
4386 Plover.
4387 Plough.
4389 » Boy.
4390 Plougham.
4391 Plumsted.
4392 Plutarch.
4395 Plutus.
4396 Plymouth.
4397 Pocahuntus.
4398 Poland.
4501 Policy.
4502 Polly.
4503 » et Sally.
4506 Polperro.
4507 Pomona.
4508 Porcher.
4509 Porcupine.
4510 Port.
4512 Portia.
4513 Portland.
4516 Port Mary.
4517 » Packet.
4518 » Royal.
4519 » Sunderland
4520 Portsea.
4521 Portsmouth.
4523 Portugal Constant.
4526 Possiteur.
4527 Posthumous.
4528 Postlethwaite.
4529 Post non Riga.
4530 Potton.
4531 Powhaten.
4532 Prescott.
4536 Paradise.
4537 President.
4538 Preston.
4539 » Island.
4560 Price.
4561 Primrose.
4562 Prince.
4563 » Edward
4567 » Ernest.
4568 » George.
4569 » Kutusoff.
4570 » Leopold.
4571 » Regent.
4572 » Royal.
4573 » Smolensko.
4576 » William.
4578 » of Asturias.
4579 » of Brazil.
4580 » of Orange.
4581 » of Saxe Cobourg.
4582 » of Wales.
4583 » of Waterloo
4586 Princess.
4587 » Amelia.
4589 » Charlotte.
4590 » Elizabeth.
4591 » Mary.
4592 » Royal.
4593 » of Wales.
4696 Priscilla.
4597 Probity.
4598 Progress.
4601 Prompt.
4602 Property.
4603 Proselyte.
4605 Proserpine.
4607 Prospect.
4608 Prosperity.
4609 Prosperous.
4610 Protector.
4612 Protection.
4613 Proteus.
4615 Proven.
4617 Providence.
4918 » Increase.
4619 » Success.
4620 Provosteen.
4621 Prude.
4623 Prudent.
4625 Prudentia.
4627 Psyche.
4628 Pulteney.
4629 Pursuit.
4630 Pusey Hall.
4631 Pyrenees.
4632 Poacher.
4635 Potomac.
4637 Pretty Lass.
4638 Prince Cobourg.
4539 Phenomene.
(*Voir* après 6824.)
4650 Quail.
4651 Quaker.
4652 Quebec.
4653 » Packet.
4657 Queen.
4658 » Charlotte.
4659 Quest.
4670 Quincey.
4671 Queen Mab.
4672 Queensborough.
4673 Robert Peel.
4675 Rosebank.
4678 Racehorse.
4679 Rachael.
4680 Radcliff.
4681 Radnor.

LA PREMIÈRE FLAMME DISTINCTIVE

Doit être hissée au-dessus du numéro, ou sur un autre mât.

4682 Raikes.
4683 Rainbow.
4685 Raith.
4687 Rambler.
4689 Ranger.
4690 Rapid.
4691 Rattler.
4692 Raven.
4693 Reaper.
4695 Rebecca.
4697 Recovery.
4698 Rectidão.
4701 Redlap.
4702 Redlighten.
4703 Reoffley.
4705 Regalia.
4706 Regard.
4708 Regent.
4709 Regret.
4710 Regulator.
4712 Regulus.
4713 Reindeer.
4715 Reliance.
4716 Rembrant.
4718 Remittance.
4719 Renewal.
4720 Renovation.
4721 Renown.
4723 Repeater.
4725 Requiza.
4726 Reserve.
4728 Resolution.
4729 Resource.
4730 Respect.
4731 Restoradoa.
4732 Retaliation.
4735 Retford.
4736 Retreat.
4738 Retrieve.
4739 Reunion.
4750 Revenge.
4751 Revolution.
4752 Rewards.
4753 » et Industry.
4756 Rhoda.
4758 Rhone.
4759 Rhine.
4760 Richard.
4761 » Sibella.
4762 » Staples.
4763 » Walker.
4765 » et Ann.
4768 » et Jane.
4769 » et John.
4780 » et Margaret.

4781 Richmond.
4782 Ridley.
4783 Rigal.
4785 Riga.
4786 Riga Packet.
4789 Rinaldo.
4790 Ringdove.
4791 Rio Duero.
4792 Rising Hope
4793 » Sun.
4795 Ritson.
4796 Robarts.
4798 Robert.
4801 » Burns.
4802 » Fuge.
4803 » Neilson.
4805 » Quale.
4806 » Todd.
4807 » Walne.
4809 » et Ann.
4810 » et Frances.
4812 » et Helen.
4813 » et Jannet.
4815 » et Jannets.
4816 » et Mary.
4817 » et Sarah.
4819 Roberts.
4820 Robust.
4821 Rochdale.
4823 Rock.
4825 Rocking.
4826 Rockingham.
4827 Rockland.
4829 Rodie.
4830 Roderic.
4831 Rodney.
4832 Roebuck.
4835 Roger Stewart.
4836 » et Barbara.
4837 Rolla.
4839 Romeo.
4850 Romp.
4851 Romulus.
4852 Rosa.
4853 Rosalia.
4856 Rosalie.
4857 Rosamond.
4859 Rosana.
4860 Rosanna.
4861 Roscius.
4862 Roscoe.
4863 Rose.
4865 Rosebud.
4867 Rosehill.
4869 Rose in Bloom.

4870 Rose in June.
4871 Roselle.
4872 Rosewarm.
4873 Rosina.
4875 Ross.
4876 Rothersham.
4879 Rover.
4890 Rousseau.
4891 Rowena.
4892 Rowcliffe.
4893 Royal Bounty.
4895 » Briton.
4896 » Charlotte.
4897 » Edward.
4901 » George.
4902 » Jubilee.
4903 » Oak.
4905 » Recovery.
4906 » Union.
4907 » Yeoman.
4908 Royalist.
4910 Reuben et Eliz.
4912 Ruby.
4913 Ruckers.
4915 Rufford.
4916 Rufus King.
4917 Russell.
4918 Russia Comp.
4920 Ruth.
4921 » et Susannah.
4923 Raposa.
4925 Repon.
4926 Resignation.
4927 Resurrection.
4928 Robert Edward.
4930 Rochester.
(*Voir* après 6875)
4931 Sachem.
4932 Sagittarius.
4935 Sailor Boy.
4936 St. Andrew.
4937 » Anna.
4938 » Anns.
4950 » Antonio.
4951 » Maria.
4952 » Bartholom.
4953 » Elizabeth.
4956 » Francisco.
4957 » George.
4958 » Helena.
4960 » Jose.
4961 » Lawrence.
4962 » Martin.
4963 » Marys.
4965 » Michael.

4967 St. Nicolas.
4968 » Patrick.
4970 » Philip.
4971 » Rufo.
4972 » Salvadore.
4973 » Vincent.
4975 Salacia.
4976 Salamanca.
4978 Salamander.
4980 Salamina.
4981 Saldanha.
4982 Salisbury.
4983 Sally.
4985 » Ann.
4986 » et Ann.
4987 » et William.
5012 Salt Cat.
5013 Saltcoats.
5014 Salus.
5016 Samarang.
5017 Samaritan.
5018 » et Hope.
5019 Samoset.
5021 Sampson.
5023 Samuel.
5024 » Barnet.
5026 » Braddock.
5027 » Whitbread.
5028 » et Jane.
5029 » et Sarah.
5031 Samuels.
5032 San Andres.
5034 » Anselmo.
5036 » Ant. Felici.
5037 » Dramen.
5038 » Filipe.
5039 » Joaquim.
5041 » Jose.
5042 » et El Ro.
5043 Sandwich.
5046 Santa Catharina.
5047 » Cruz.
5048 » Margaretta.
5049 » Maria.
5061 Sappho.
5062 Sarah.
5063 » Ann.
5064 » Christiana.
5067 » Margaretha.
5068 » Maria.
5069 » et Elisabeth.
5071 » et Louisa.
5072 Savannah.
5073 Saumerez.
5074 Scaleby Castle.

LA PREMIÈRE FLAMME DISTINCTIVE

Doit être hissée au-dessus du numéro, ou sur un autre mât.

5076 Scarborough.
5078 Scarthingwell.
5079 Sceirstand.
5081 Sceptre.
5082 Schofield.
5083 Schuyskill.
5084 Schwan.
5086 Science.
5987 Scipio.
5089 Scots Craig.
5091 Scout.
5092 Sea Flower.
5093 » Gull.
5094 » Horse.
5096 » Nymph.
5097 Seaman.
5098 Search.
5102 Seaton.
5103 Segar.
5104 Selby.
5106 Selina.
5107 Sen. Gerona.
5108 Senhouse.
5109 Serena.
5120 Seringapatam.
5123 Severn.
5124 Seville.
5126 Shakespeare.
5127 Shamrock.
5128 Shannon.
5129 Shark.
5130 Shaw.
5132 Sheffield.
5134 Shelbrook.
5136 Shelburn.
5137 Shepeley.
5138 Shepherd.
5139 Shepherdess.
5140 Sherbourn.
5142 Sherbrooke.
5143 Shetland Fish.
5146 Sibella.
5147 Sibson.
5148 Sicily.
5149 Silvie de Grasse.
5160 Silvia.
5162 Simeon.
5163 Simon Cock.
5164 » Taylor.
5167 Simpson.
5168 Sincerity.
5169 Sir Alex. Ball.
5170 » A. Hamm.
5172 » Chas Cotton.
5173 » Charles Price

5174 Sir E. Hamilton.
5176 » F. Barring.
5178 » G. Prevost.
5179 » G. Webster.
5180 » J. B. Warren
5182 » J. Cameron.
5183 » J. H. Craig.
5184 » T. T. Stanley
5186 » John Doyle.
5187 » John Moore.
5189 » J. Sherbrook.
5190 » Jos Banks.
5192 » S. Lushington
5193 » W. Bensley
5194 » W. Burroughs.
5196 » W. Pulteney
5197 Siren.
5198 Sirene.
5201 Sirence.
5203 Siro.
5204 Sirus.
5206 Sisters.
5207 » Ann.
5208 Six Brothers.
5209 Six Sisters.
5210 Skeene.
5213 Skipsey.
5214 Slebeck Hall.
5216 Smart.
5217 Smolensko.
5218 Smyrna.
5219 Snipe.
5230 Soda.
5231 Sokem.
5234 Solebay.
5236 Solon.
5237 Solway.
5238 Somerset.
5239 Somersetshire.
5240 Sophia.
5241 » et Elisabeth
5243 Sophronia.
5246 Sotro.
5247 Sovereign.
5248 South Carolina.
5249 Southampton.
5260 Southesk.
5261 Spalding.
5263 Spanish Lady.
5264 » Patriot.
5267 Sparling.
5268 Spartan.
5260 Spectator.

5270 Speculation.
5271 Speculator.
5273 Speed.
5274 Speedwell.
5276 Speedy.
5278 » Peace.
5279 Speke.
5280 Spence.
5281 Sportsman.
5283 Spraycombe.
5284 Sprightly.
5286 Spring.
5287 Spy.
5289 Squid
5290 Squirrel.
5291 Staff of Life.
5293 Stafford.
5294 Stag.
5296 Stains.
5297 Stakesby.
5298 Stamper.
5301 Standard.
5302 Stanley.
5304 Stapleton.
5306 Starbrock.
5307 Start.
5308 Stately.
5309 Steadfast.
5310 Stella.
5312 Stentor.
5314 Stephen.
5316 » Gee.
5317 » Knight.
5318 Sterling.
5319 Stert.
5320 Steveon.
5321 Stille.
5324 Stirling.
5326 Stockton.
5327 Stokesley.
5328 Strafford.
5329 Stranger.
5340 Streatham.
5341 Strenuous.
5342 Struggle.
5346 Sturgeon.
5347 Success.
5348 Suffolk.
5349 Sully.
5360 Sunbury.
5361 Sunderland.
5362 Sunton.
5364 Superb.
5367 Superior.
5368 Supply.

5369 Support.
5370 Surat.
5371 » Castle.
5372 Surinam.
5374 Surprise.
5376 Surrey.
5378 Susan.
5379 » et Caroline.
5380 » et Mary.
5381 Susanna.
5282 Susanna Amelia
5384 Susannah Dorothea.
5386 Suspense.
5387 Sussex.
5389 » Oak.
5390 Sutton.
5391 Suwarrow.
5392 Swallow.
5394 Swan.
5396 Swanwic.
5397 Swift.
5398 Swiftsure.
5401 Sybil.
5402 Sydney
5403 » Cove.
5406 » Smith.
5407 Sylph.
5408 Sylvan.
5409 Symmetry.
5410 Syren.
5412 Sedulous.
5413 Seneca.
5416 Sesostris.
5417 Steel.
5418 Sturry.
(*Voir* après 9925.)
5419 Tagus.
5420 Talavera.
5421 Talbot.
5423 Tamer.
5426 Tantivy.
5427 Tarantula.
5428 Tarleton.
5429 Tartar.
5430 Tay.
5431 Tea Plant.
5432 Teats Hill.
5436 Telegraph.
5437 Telemachus.
5438 Telus.
5439 Teazer.
5460 Termagant.
5461 Terrible.
5462 Terry.

LA PREMIÈRE FLAMME DISTINCTIVE

Doit être hissée au-dessus du numéro, ou sur un autre mât.

5463 Thaddeus.
5467 Thais.
5468 Thalia.
5469 Thames.
5470 Themis.
5471 Theodore.
5472 Theodosia.
5473 Theophilus.
5476 Thermutis.
5478 Theseus.
5479 Thetford.
5480 Thetis.
5481 Thirza.
5482 Thistle.
5483 Thomas.
5486 » Ann et Eliza
5487 » Bouch.
5489 » Gelston.
5490 » Gilbert.
5491 » Gibbons.
5492 » Grenville.
5493 » Gordon.
5496 » Jefferson
5497 » Martin.
5498 » Nayler.
5601 » Nowlan.
5602 » Penrose.
5603 » Plummer.
5604 » Scatterwood
5607 » Tyson.
5608 » Wilson.
5609 » et Adela.
5610 » et Alice.
5612 » et Ann.
5613 » et Dorothy.
5614 » et Eleanor.
5617 » et Henry.
5618 » et John.
5619 » et Juliet.
5620 » et Martha.
5621 » et Mary.
5623 » et Sally.
5624 » Susannah.
5627 » et William.
5628 Thompson.
5629 Thorne.
5630 Thornley.
5631 Thornton.
5632 Thorntons.
5634 Thorp Arnold.
5637 Three Betseys.
5638 » Brothers.
5639 » Friends.
5640 » Sisters.
5641 » Sons.
5642 Three Williams.
5643 Tiber.
5647 Ticonie.
5648 Tiger.
5649 Tigris.
5670 Timandra.
5671 Timoleon.
5672 Timor.
5673 Tinley.
5674 Tiphys.
5678 Titus.
5679 Tiviot.
5680 Tivy.
5681 Tobago.
5682 Tods.
5683 Tolson.
5684 Tom.
5687 » Bowline.
5689 » Cod.
5690 » et Mary.
5691 Tomahawk.
5692 Tontine.
5693 Topazio.
5694 Torridge.
5697 Tortola.
5698 Totness.
5701 Tottenham.
5702 Towan.
5703 Towyn.
5704 Trader.
5706 Trafalgar.
5708 Trafficker.
5709 Trajan.
5710 Tranby.
5712 Transfer.
5713 Transit.
5714 Transport.
5716 Traveller.
5718 Travis.
5719 Treasure.
5720 Treasurer.
5721 Trelawney.
5723 Trent.
5724 Treore.
5726 Tres Amigos.
5728 » Irmaos.
5729 Triad.
5730 Trial.
5731 Trident.
5732 Trim.
5734 Trio.
5736 Triton.
5738 Triumph.
5739 Triumpha.
5740 Triumvirate.
5741 Triune.
5742 True Blue.
5743 » Briton.
5746 » Love.
5748 Trumbale.
5749 Truro.
5760 Trust.
5761 Trusty.
5762 Tucker.
5763 Tulloch Castle.
5764 Turtle Dove.
5768 Tuscan.
5769 Twee Frienden.
5780 Tweed Packet.
5781 Twig.
5782 Twilight.
5783 Twins.
5784 Two Brothers.
5786 » Elizas.
5789 » Friends.
5790 » Generals.
5791 » Marys.
5792 » Sisters.
5793 Tyne.
5794 Tasso.
5796 Thomas Coutts.
5798 Tobacco Plant.
5801 Tom Hazard.
5802 » Pipes.
5803 Tanmere.
5804 Tropic.
5806 True American.
5807 Tynemouth.
(*Voir* après 6972).
5809 Valentine.
5810 Valiant
5812 Vallenia.
5813 Vanguard.
5814 Vansittart.
5816 Vaynol.
5817 Vedra.
5819 Velocity.
5820 Venerable.
5821 Venice.
5823 Venilia.
5824 Venus.
5826 Vere.
5827 Vermont.
5829 Veronica.
5830 Vertumnus.
5831 Verwagting.
5832 Vesta.
5834 Vestal.
5836 Vester.
5837 Vicissitude.
5839 Victoria.
5840 Victory.
5841 Victress.
5842 Vigilant.
5843 Virgo.
5846 Villiers.
5847 Ville de Lyon.
5849 Vine.
5860 Violet.
5861 Viper.
5862 Virgin.
5863 Visc. Exmouth.
5864 » Palmerston
5867 » Wellington
5869 Viscountess Wellington.
5870 Visserboom.
5871 Vital.
5872 Vittoria.
5873 Vivid.
5874 Voast.
5876 Voland.
5879 Volunteer.
5890 Voyageur.
5891 Vrow Carolina.
5892 » Christina.
5893 » Colette.
5894 » Elisabeth.
5896 » Louisa.
5897 » Lucilla.
5901 » Margaretta
5902 » Maria.
5903 Vulcan.
5904 Vulture.
5906 Virginia.
5907 Vasco di Gama.
5908 Velatura.
5910 Venture.
(*Voir* après 6987).
5912 Udny.
5913 U ie.
5914 U verstone.
5916 Ulysses.
5917 Unanimity.
5918 Undaunted.
5920 Unicorn.
5921 Union.
5923 » Island.
5924 » Packet.
5926 Unison.
5927 United Sisters.
5928 » States.
5930 Unity.
5931 Upton.
5932 Upton Castle.

LA PREMIÈRE FLAMME DISTINCTIVE

Doit être hissée au-dessus du numéro, ou sur un autre mât.

5934 Urania.
5936 Urbano.
5937 Usk.
5938 Utica.
5940 Utility.
5941 United Friends.
5942 Undercliffe.
5943 Underhill.
5946 Undine.
(*Voir* après 7012).
5947 Wag.
5948 Wakefield.
5960 Walker.
5961 Wallace.
5962 Waller.
5963 Wallington.
5964 Walmer Castle.
5967 Walsingham.
5968 Wanderer.
5970 Wansbeck.
5971 Wanstead.
5972 Warkworth.
5973 Warleys.
5974 Warley Castle.
5976 Warre.
5978 Warren.
5980 » Hastings.
5981 Warrens.
5982 Warrior.
5983 Warwick.
5984 Washing.
5986 Washington.
5987 Wasp.
6012 Wasselay.
6013 Waterhouse.
6014 Waterloo.
6015 Watson.
6017 Waveny.
6018 Wealand.
6019 Wealthy Ann.
6021 Wear.
6023 Weazel.
6024 Wedderburn.
6025 Weischel.
6027 Wellesley.
6028 Wellington.
6029 Wells.
6031 Welton.
6032 Wexford.
6034 Woodmansterne
6035 Were.
6037 Weser.
6038 Wesburg.
6039 West Indian.
6041 Westmoreland.
6042 Weymouth.
6043 Wharton.
6045 Wharfe.
6047 Wheathill.
6048 Wheatsheaf.
6049 Wheeler.
6051 Whim.
6052 Whitby.
6053 White Hall.
6054 » Oak.
6057 Whiting.
6058 Wicklow.
6059 Wiberforce.
6071 Wildeman.
6072 Widerspool.
6073 Wilding.
6074 Wildman.
6075 Wilhelmina.
6078 » Gustaff.
6079 Wilkins.
6081 Wilkinson.
6082 Will.
6083 Willerby.
6084 William.
6085 » Ashton.
6087 » Bingham.
6089 » Bradford.
6091 » Davis.
6092 » Dawson.
6093 » Dickson.
6094 » Ewart.
6095 » Fell.
6097 » Fenning.
6098 » Flounders.
6102 » Frederic.
6103 » Heathcote.
6104 » Henry.
6105 » Keais.
6107 » Seece.
6108 » Littlejohn.
6109 » Miles.
6120 » Neilson.
6124 » Penn.
6125 Wm. P. Johnson
6127 » Pitt.
6128 » Rathbone.
6129 » Shand.
6130 » Sibbald.
6132 » Smith.
6134 » Wilson.
6135 » Wise.
6137 » et Alfred.
6138 » et Amelia.
6149 » et Ann.
6140 » et Catherine
6142 » et Eliza.
6143 » et Elizabeth
6145 » et Esther.
6147 » et Ezra.
6148 » et Friends.
6149 » et George.
6150 » et Henry.
6152 » et James.
6153 » et Byrses.
6154 » et Jane.
6157 » et John.
6158 » et Margaret
6159 » et Martha.
6170 » et Mary.
6172 » et Matthew
6173 » et Nancy.
6174 » et Sarah.
6175 » et Susan.
6178 » et Thomas.
6179 Williams.
6180 Williamson.
6182 Willing Maid.
6183 Wilmington.
6184 Wilna.
6185 Wilson.
6187 Wilton.
6189 Windham.
6190 Windsor.
6192 Witham.
6193 Wisawesheig.
6194 Witgenstein.
6195 Wolfahart.
6197 Wolfs Cave.
6198 Wolga.
6201 Woodbine.
6203 Woodbridge.
6204 Woodburn.
6205 Woodford.
6207 Woodhouse.
6208 Woodisfield.
6209 Woodland.
6210 Woodman.
6213 Woodpark.
6214 Woodpecker.
6215 Woodrop Sims.
6217 Worrell.
6218 Wooton.
6219 Wren.
6230 Wye.
6231 Wyllam.
6234 Wyndham.
6235 Wyton.
6237 Will Huskisson.
(*Voir* après 5946.)
6238 X et Y.
6239 X Y et Z.
6240 Xanthus.
6241 Xenophon.
6243 X. L.
6245 Yamacraw.
6247 Yaraslan.
6248 Yarmouth.
6249 Yeoman's Glory
6250 Yorick.
6251 York.
6253 » Merchant.
6254 Yorkshire.
6257 Young Arion.
6258 » Halliday.
6259 » Thomas.
6270 » William.
6271 Ysabel.
6273 Ysiar.
6274 Ythan.
6275 Yam.
(*Voir* après 7061).
6278 Zealous.
6279 Zelfia.
6280 Zelia.
6281 Zena et Harriet.
6283 Zenobia.
6284 Zephyr.
6285 Zodiac.
6287 Zivey Brothers.
(*Voir* après 7012).

SUPPLÉMENT A LA PARTIE II.

NOMS DES NAVIRES MARCHANDS ÉTRANGERS.

LA PREMIÈRE FLAMME DISTINCTIVE

Doit être hissée au-dessus du numéro, ou sur un autre mât.

6289 Aspasia.
6290 Atticus.
6291 Abercrombie Robinson.
6293 Antœus.
6294 Alexandre Ier.
6295 Australia.
6297 Alabama.
6298 Aquatic.
6301 Adrian.
6302 Almorah.
6304 Afflech.
6305 Aguilar.
6307 Alex. Adams.
6308 Ann et Amelia.
6309 Athol.
7091 Ardent.
7092 Anna Augusta.
7093 Andromache.
7094 Anna Evelina.
7095 Agile.
7096 Arcadia.
7098 Agility.
7102 Adonia.
7103 Abet.
7104 Abel.
7105 Abram.
7106 Abraham et Johanna.
7108 Abundance.
7109 Arcadian.
7120 Accession.
7123 Accord.
7124 Activity.
7125 Ada.
7126 Addison.
7128 Adriana.
7129 Adrianus.
7130 Aeronaut.
7132 Agenor.
7134 Agreable.
7135 Aim.
7136 Albany.
7138 Albertina.
7139 Albertus.
7140 Alcides.
7142 Alecto.
7143 Alex. Mansfield.
7145 » Maxwell.
7146 » The Great.
7148 » et Jenny.
7149 Archer.
7150 Archibald.
7152 Alice et Amelia.
7153 Alida.
7154 Aline.
7156 Allass.
7158 Allerton.
7159 Almeria.
7160 Alnwick Packet.
7162 Alphonso.
7163 Amanda.
7164 Amos.
7165 Anatolia.
7168 Anchor.
7169 Andrea.
7180 Amelia Johanna
7182 » Wilson.
7183 Ann Lucy.
7184 » Maria.
7185 » Sophia.
7186 » Eliza.
7189 » Catharine.
7190 Amiable Nancy.
7192 » Charles.
7193 » Eliza.
7194 Andrew M'Keen
7195 » et Kitty.
7196 » Forbes.
7198 Angelica.
7201 Angelina.
7203 Angerstein.
7204 Ann et Jane.
7205 » Johanna.
7206 » et Louisa.
7208 » et Margaret
7209 Anna Dorothea.
7210 » Elizabeth.
7213 » Henrietta.
7214 » Martha.
7215 Anna Robertson
7216 » Rosina.
7218 » Sophia.
7219 Annesley.
7230 Annetta.
7231 » et Henrietta
7234 Arcturus.
7235 Antiqua.
7236 Antonio.
7238 Arabian.
7239 Archangel.
7240 Aries.
7241 Army.
7243 Auriga.
7245 Andrew M'Kean
7246 Anne et Mary.
7248 Austen.
7249 Addingham.
7250 Amboyna.
7251 Aram.
7253 Asseerghur.
7254 Asia Felix.
7256 Ahmoody.
7258 Auguste.
7259 Ann Paley.
7260 Anfield.
7261 African Packet.
7263 Abel Gower.
7265 Adahlina.
7268 Ann Mondel.
7269 Amity Hall.
7280 Avoca.
7281 Anne Baldwin.
9063 Antoinetta Maria.
9064 Alanker.
9065 Avalon.
9067 Aberdeenshire.
9068 Adriatico.
9071 Abdeil.
9072 Abendroth.
9073 Adam Lodger.
9074 » Lodge.
9075 Apprentice.
9076 Allondale.
9078 Annandale.
9081 Anglicana.
9082 Augusta Jessie.
9083 Appleton.
9084 Arkwright.
9085 Alex. Baring.
9086 » Johnston.
9087 » Henry.
9102 Atwick.
9103 Africaine.
9104 Amelia Thompson.
9105 African.
9106 Alice Brooks.
9107 Aliquis.
9108 Arcadian.
9120 Audur.
9123 Anne et Catherine.
9124 » Petley.
9125 » Locherby.
9126 Asher.
9127 Anaxabia.
6310 British Monarch
6312 Bispham.
6314 Black River Packet.
6315 Barrow.
6317 Benevolent.
6318 Bencoolen.
6319 Berkeley Castle.
6320 Blues.
6321 Blue Eyed Maid
6324 Bombay.
6325 Brompton.
6327 Bramley.
6328 Brampton.
6329 Broughty Castle
6340 Buckinghamshire.
6341 Belinda
6342 Belle Alliance.
6345 Belzoni.
6347 Birkby.
6348 Bramin.

LA PREMIÈRE FLAMME DISTINCTIVE

Doit être hissée au-dessus du numéro, ou sur un autre mât.

6349 British Oak.
6350 Bussorah Merchant.
6351 Burrell.
6352 Black Warrior.
7283 Barbadian.
7284 Barbadoes Packet.
7285 » Planter.
7286 Barclay.
7289 Barefoot.
7290 Baron Vander Capellen.
7291 Barrington.
7293 Beccles.
7294 Bee Hive.
7295 Belina.
7296 Bellissima.
7298 Belsey Castle.
7301 Belt.
7302 Bertha.
7304 Birkby.
7305 Black Bird.
7306 Blakeley.
7308 Bliss.
7309 Bombay Castle.
7310 Boodie.
7312 Brailsford.
7314 Boreas.
7315 Broom.
7316 Borussea.
7318 Bowditch.
7319 Brandt.
7320 Bravo.
7321 Brazil Packet.
7324 Breadalbane.
7325 Bride.
7326 Bridgend.
7328 Brighton.
7329 Briseis.
7340 Briton.
7341 Britain.
7342 Britomart.
7345 Broughton
7346 Bruce.
7348 Bucephalus.
7349 Buck.
7350 Budget.
7351 Buenos Ayres.
7352 Bulfinch.
7354 Bulwark.
7356 Burleigh.
7358 Burgundy.
7359 Bolivar.
7360 Bonne Mère.
7361 Bonne Amie.
7362 Baffin.
7364 Balance.
7365 Baleana.
7368 Baretto jun.
7369 Brit. Sovereign
7380 Betsey et Sarah.
7381 Branken Moor.
7382 Berkeley.
7384 Bahamian.
7883 Brougham.
7386 Batavier.
7389 Baron V. der Werve.
7390 Bland.
7391 Brightman.
7392 Byker.
7394 Balley.
7395 Breeze.
7396 Bradshaw.
7398 Baracouta.
7401 Black Eyed Susan.
7402 Brandon.
7403 Blackney et Hull
7405 Branch.
7406 Belclutha.
7408 Betsy Heron.
7409 » Hall.
7410 Bunbury.
7412 Buckingham.
7413 Blackwater.
7415 Black Nymph.
7416 Branstey.
7418 Bloom.
7419 Beatrice.
7420 Bombay Packet.
7421 Broad Oak.
7423 Bee's Wing.
7425 Boadicea.
7426 Bengal Packet.
7428 Borealis.
7429 Baboo.
7430 Barlow.
9047 Baronet.
9048 Bashaw.
9051 Begeda.
9052 Bermuda.
9053 Bertha.
9054 Blackness.
9056 Blackney.
9057 Blundel.
9058 British Heroine.
9061 Burgundy.
9062 B. Mariners Institution.
9063 à 9068 } *voir* après 9127.
6354 Cape Packet.
6357 Calthorp.
6358 Canning.
6359 Candish.
6370 Carron.
6371 Caraquette.
6372 Charles Philip.
6374 Charles Tennyson.
6375 City of Genoa.
6378 Claremont.
6379 Colombo.
6380 Colonel Smith.
6381 Comely.
6382 Commercial Packet.
6384 Com. Rogers.
6385 Cornhill.
6387 Cotager.
6389 Countess Elgin.
6390 Crossthwaite.
6391 Corsair.
6392 Circassian.
6394 Children.
6395 Childe Harold.
6397 Christoph. Scott
6398 City of Rochester.
6401 Carn Brea Castle
6402 Clydesdale.
7431 Commod. Hayes.
7432 City of Waterford.
7435 Chloris.
7436 Cousins.
7438 Charles Adams.
7439 Chelsea.
7450 Countess Mansfield.
7451 » Dunmore.
7452 Cath. et Jane.
7453 » Maria.
7456 » Elisabeth.
7458 Comm. Barry.
7459 Condor.
7460 Cowlip.
7461 Candyan.
7462 Caius.
7463 Camberwell.
7465 Canadian Packet.
7468 Camoens.
7469 Campo Bello.
7480 Cane Grove.
7481 Cannon.
7482 Canova.
7483 Canton Packet.
7485 Cawton.
7486 Cardiff Packet.
7489 Carleton.
7490 Carnation.
7491 Carrier.
7492 Casket.
7493 Caspian.
7495 Cassandra.
7496 Cecrops.
7498 Celia.
7501 Cestus.
7502 Chariot.
7503 City of Dublin.
7504 Claremont.
7506 Clarissa.
7508 Colossus.
7509 Columbian.
7510 Copernicus.
7512 Coral.
7513 Corinthian.
7514 Cornelius.
7516 Charles Brook.
7518 » Joseph.
7519 » Ellen.
7520 » Henry.
7521 » Philip.
7523 Charlotte Louisa
7524 » Sophia.
7526 Chase.
7528 Cherry.
7529 Chili.
7530 Christ Scott.
7531 Cincinnatus.
7532 Combatant.
7534 Coronation.
7536 Countess Dalhousie.
7538 » Liverpool.
7539 Crockery.
7540 Crocodile.
7541 Crofton.
7542 Cuxhaven.
7543 Cyrene.
7546 Charles Kerr.
7548 Crusader.
7549 Clorinda.
7560 Claude.
7561 Crawford Davison.

LA PREMIÈRE FLAMME DISTINCTIVE

Doit être hissée au-dessus du numéro, ou sur un autre mât.

7562 Country.
7563 Cochin.
7564 Calder.
7568 Cambon Jette.
7569 Cheshire.
7580 Chandos.
7581 Castilian Maid.
7582 Charles Eyes.
7583 Cape Breton.
7584 Candidate.
7586 Cabrero.
7589 Caronge.
7590 Canovian.
7591 Celt.
7592 Christal.
7593 Carpenter.
7594 Cluiha.
7596 Codrington.
7598 City of Norwich.
7601 Caleb Angus.
7602 Charles Carter.
7603 » Eaton.
7604 » Heurtley.
9654 Calenick.
9657 Cambyses.
9658 Cheviot.
9670 Champlain.
9671 Cœur de Lion.
9672 Corcyra.
9673 Cabotia.
9674 Countess of Durham.
9675 Cheerful.
9678 Cestrian.
9680 Copeland.
9681 Constance.
9682 Campbells.
9683 Cornish Clipper.
9684 Cholmley.
9685 Cigar.
9687 Cleofried.
6403 Demerara Packet.
6405 Don.
6407 Dora.
6408 Dorcas Savage.
6409 Dryad.
6410 Dunira.
6412 Darius.
6413 Don Quixote.
6415 Duchess of Beaufort.
6417 Duke of Lancaster.
6418 Downe Castle.
6419 Druid.
6420 Daniel Wheeler.
7605 Dyson.
7608 Drummore.
7609 Donna Carmelita.
7610 Discovery.
7612 Danae.
7613 Dewsbury.
7614 Dennett.
7615 Devotion.
7618 Dœdalus.
7619 Daisy.
7620 Desire.
7621 Dalhousie.
7623 Dandy.
7624 Dantzic.
7625 David Lyon.
7628 Delos.
7629 Dewdrops.
7630 Diomede.
7631 Dorothea Eliza.
7632 » Louisa.
7634 » Charlotte.
7635 Duchess of Glocester.
7638 Duke William.
7639 » of Bronté.
7640 » Glocester.
7641 » Manchester.
7642 Duxbury.
7643 Dame Henrietta.
7645 Daria.
7648 Delphos.
7649 Dependant.
7650 Dickins.
7651 Donnington.
7652 Donald.
7653 Down Castle.
7654 Driver.
7658 Duncan Gibbs.
7659 Dale Park.
7680 Dunvegan Castle.
7681 Dawson.
7682 David Clarke.
7683 » Malcolm.
7684 » Maurice.
7685 » Barclay.
7689 » Whitton.
7690 Dartford.
7691 Duncan.
7692 Daddon.
7693 Duchess of Argyle.
7694 Duch. of Clarence
7695 » of Roxburgh.
7698 » of Buccleugh
7801 » » Northumberland.
7802 Duc d'Orléans.
7803 Delta.
7804 Dennis Carthy.
7805 Delaval.
9634 Don Giovanni.
7635 Demr Planter.
9637 Douglastown.
9638 Don Juan.
9640 Denton.
9641 Devereux.
9642 David Cannon.
9643 » Lyon.
9645 Direction.
9647 Dorothy Gales.
9648 Dorcas Savage.
9650 Drey Sterne.
9651 Duchess of Buccleugh.
9652 Dynamene.
9653 Dunnottar Castle.
7806 D'Auvergne.
6421 Earl Buthurst.
6423 » Strathmore.
6425 » Wellington.
6427 East Indian.
6428 Edinburg Castle.
6429 Edward Ellice.
6430 Eggardon Castle.
6431 Eliza Knightly.
6432 Ellen.
6435 Emulation.
6437 Essequibo.
6438 Euniche.
6439 Euaine.
6450 Evander.
6451 Eden.
6452 Escape.
6453 Emulous.
6457 Earl of Liverpool.
6458 » of Fife.
6459 Excellent.
7809 Eliza Stewart.
7810 Euterpe.
7812 Eudora.
7813 Elvira
7814 Earl of Aberdeen.
7815 Eliezer.
7816 Earl of Egremont.
7819 » Kellie.
7820 Eden.
7821 Edward Colston
7823 Egeria.
7824 Elise.
7825 Eliza Francis.
7826 » Grant.
7829 » et Nancy.
7830 Elisabeth Jane.
7831 » Maria.
7832 » Wilson.
7834 » et Ann.
7835 » Margaret.
7836 » Sarah.
7839 Ellen.
7840 Ellill.
7841 Elliott.
7842 Elrick.
7843 Emmanuel.
7845 Emmeline.
7846 Emporium.
7849 Epaminondas.
7850 Evelina.
7851 Everton.
7852 Eugenia.
7853 Euphrosine.
7854 Export.
7856 Ebland.
7859 Eveline.
7860 Ernest.
7861 Edmonstone.
7862 Edward Strettell.
7863 Emma Matilda.
7864 Earl of Eldon.
7865 Eclipse Packet.
7869 Earl Grey.
7890 Elisabeth Taylorson.
7891 » Moore.
7892 Earl of Errol.
7893 Enmore.
7894 Englishman.
7895 Euphemus.
7896 Emily.
7901 Eliza Somerville.
7902 Edward Robinson.
7903 Envoy.

LA PREMIÈRE FLAMME DISTINCTIVE

Doit être hissée au-dessus du numéro ou sur un autre mât.

7904 Edwin.
7905 Emblem.
7906 Emerald Isle.
7908 Eaton.
7910 Emmée.
7912 Ellen Jenkinson
7913 » German.
7914 Emma Eugenie.
8791 » Zoller.
8792 Ebor.
8793 Economist.
8794 Eleanor Laidman.
8795 Edgecombe.
8796 Edmundwode.
8901 Elephanta.
8902 Ewell Grove.
8903 Earl Powis.
8904 Einigket.
8905 Eliza Goddard.
8906 » Heywood.
6470 Fabius.
6471 Factor.
6472 Fair Ellen.
6473 » Lady.
6475 Farquharson.
6478 Fayette.
6479 Felicitas.
6480 Florentia.
6481 Falstaff.
6482 Familien.
6483 Fate.
6485 Felisa.
6487 Fulham.
7915 Frances Charlotte.
7917 Fabian Albert.
7918 Fenwick.
7920 Finland.
7921 Flamingo.
7923 Elorinda.
7924 Flower.
7925 Forager.
7926 Forest.
7928 Forfarshire.
7930 Fort Augustus.
7931 Foster.
7932 Fowles.
7934 Frances Auguste
7935 » Watson.
7936 Francis Ernest.
7938 » et Harriet.
7940 Frederic Louisa
7941 » William.
7942 Freeland.
7943 Freeman.
7945 Friends of Commerce
7946 Feejee.
7948 Francis Smith.
7950 » Sherburne.
7951 » Warden.
7952 Finlater.
7953 Falloden.
7954 Frederic Huth.
7956 Fortescue.
7958 Flirt.
7960 Faside.
7961 Fairy Queen.
7962 Francesca.
7963 Flamer.
7964 Folkstone.
7965 Feliza.
7968 Fisherman.
7980 Francis Griffiths
7981 » et Anne.
7982 » et Mary.
7983 Forster.
7984 Fruiterer.
7985 Fanny Connell.
7986 » A Garrequis
8012 Fortfield.
8013 Friede.
8014 Froya.
8015 Furst Menschikoff.
8016 Fair Isle.
8017 » Maid.
8019 Frau Catharina.
8021 Fortunato.
8023 Foreninger.
8024 Five hundred et seventy-four.
6489 Gungo Saugor.
6490 Genii.
6491 General Palmer.
6492 George Home.
6493 Gilsland.
6495 Gov. Brooks.
6497 Graham Moore.
6498 Guysborough.
6501 Golden Spring.
6502 Genoa Packet.
6503 George Fourth.
6504 Gem.
6507 Gilmore.
6508 Grecian.
6509 Guayara.
6510 Glaphyra.
6512 Gazette.
8025 Glenelg.
8026 George et Philip
8027 Graham.
8029 Garonne.
8031 George et Henry
8032 Gov. Reatly.
8034 Gleniffer.
8035 Gaol.
8036 Galatea.
8037 Galaxy.
8039 Garland Grove.
8041 Garthland.
8042 General Brown.
8043 » Clinton.
8045 » Hand.
8046 » Pike.
8047 » Puttenham.
8049 » Wolffe.
8051 George Henry.
8052 » Stewart.
8053 » et Augustus
8054 » et Ellen.
8056 Gesina.
8057 Gilder.
8059 Gleadon.
8061 Glenburnie.
8062 Glenora.
8063 Glide.
8064 Goliah.
8065 Goodall.
8067 Good Design.
8069 Good Luck.
8071 Good Mother.
8072 Gorlestone.
8073 Gossypaim.
8074 Governor.
8075 Grace et Ann.
8076 Graham Moore.
8079 Grampus.
8091 Grange (la)
8092 Granicus.
8093 Griffin.
8094 Guiana.
8095 Gulnare.
8096 Gazelle.
8097 Gilbert Munro.
8102 Glenalvon.
8103 General Coffin.
8104 Governor Ready
8105 Gambia.
8106 Guide.
8107 Gov. Philips.
8109 Glorioso.
8120 Good Success.
8123 Ganymede.
8124 Gledstones.
8125 Gentoo.
8126 Glenconner.
8127 Glanmire.
8129 Gowlands.
8130 Glanmailier.
8132 Gondolier.
8134 Grenville.
8135 Glocester.
8136 Gravenhage.
8137 Gosshawk.
8139 Glenaladale.
8140 Governor Finlay
8142 Gil Blas.
8143 Gresson.
8145 Ghika.
8146 Galston.
8147 General Chassé.
8149 » Evans.
6513 Horman Julius.
6514 Hadlow.
6517 Hadds House.
6518 Halls.
6519 Hallyards.
6520 Hannak's Success.
6521 Harriet.
6523 Havanna Packet
6524 Hawson.
6527 Hayle.
6528 Henry Porcher.
6529 » et William.
6530 Highlander.
6531 Hoogly.
6532 Hugh Wallace.
6534 Huntingdon.
6537 Heworth.
6538 Hive.
6539 Henry Davidson
6540 Honqua.
6541 Hampton.
6542 Heighington.
6543 Hero of Malown
6547 Hythe.
6548 Helme.
6549 Hymen.
8150 Hamilla.
8152 Hopeful.
8153 Hedley.
8154 Hibbert.
8157 Hippomenes.
8157 Hugh et William
8159 Hebron Hill.
8160 Hermon.
8162 Harmina.

LA PREMIÈRE FLAMME DISTINCTIVE

Doit être hissée au-dessus du numéro, ou sur un autre mât.

8163 Hambro'.
8164 Hoppet.
8165 Huskisson.
8167 Harby.
8169 Hygeia.
8170 HenryBrougham
8172 Hoopoo.
8173 Heiress.
8174 Hayden.
8175 Humility.
8176 Henry Grattan.
8179 Harlequin.
8190 Hellespont.
8192 Hesper.
8193 Hesperides.
8194 Hindoo.
8195 Hopeful.
8196 Hopkinson.
8197 Houghton.
8201 Hesperus.
8203 Hugh Johnson.
8204 » Wallace.
8205 Huntley.
8206 Hebden.
8207 Highbury.
8209 Harleston.
8210 Hydery.
8213 Henry Meriton.
8214 Hashemy.
8215 Hatrass.
8216 Hortense.
8217 Hereford.
8219 Historian.
8230 Hecla.
8231 Helena Christina.
8234 Hardware.
8235 Hankinson.
8236 Hellas.
8237 Houghton Spring.
8239 Hawke.
8240 Health.
8241 Halifax Packet.
8243 Hersey.
8245 Hinda.
8246 Hortensia.
8247 Hendrica.
8249 Heyes.
8250 Helen Jane.
8251 Hazelrigg.
8253 Haidee.
8254 Halse Town.
8256 Henry Alexander.

8257 Henry Freeling.
8259 » Hoyle
8260 » Tanner.
6570 James Laing.
6571 » Munro.
6573 Janes.
6574 John O'Groat.
6578 » Palmer.
6579 » Taylor.
6580 Jones.
6581 Joseph Hume.
6582 Josina.
6583 Isaac Hick.
6584 James Lyon.
6587 John Bigger.
6589 » Cullen.
6590 Indemnity.
6591 James Mc. Inroy.
6592 » Riley.
6593 John Cabot.
6594 » Lawson.
6597 King of Oude.
6598 Kezia.
6701 Kingsfisher.
8261 Irwell.
8263 Investigator.
8264 Indiana.
8265 Ina.
8267 John Welsh.
8269 » et Susan.
8270 » Salmon.
8271 » Pedcar.
8273 » Dory.
8274 » Renwick.
8275 James et Isabelle
8276 » Holmes.
8279 » Hadden.
8290 » Langhon.
8291 » Watt.
8293 Industry.
8294 Irish Chieftain.
8295 Janet Walls.
8296 Iberia.
8297 Idle.
8301 Isabella Stewart
8302 » et Jane.
8304 » et Margaret.
8305 Iphigenia.
8306 Invulnerable.
8307 Indispensable.
8309 Inca.
8310 Joshua Carroll.
8312 Jessie Lawson.

8314 James Colvin.
8315 Janet et Isabelle
8316 Israël.
8317 Isabella Dick.
8319 Irlam.
8320 Joseph et Fanny
8321 John Brown.
8324 » Hayes.
8325 » Howard.
8326 » Shand.
8327 » et Adam.
8329 » et Henry.
8340 Jane et Grace.
8341 » Catherine.
8342 John Danford.
8345 June.
8346 Juliet.
8347 John et Will.
8349 » et Margaret
8350 James Madison.
8351 » et Elizabeth
8352 » et Henry.
8354 Joseph Anderson.
8356 » Green.
8357 » Hume.
8359 James Grant.
8360 » Cruikshank
8361 » et Thomas.
8362 » Scott.
8363 » Pattison.
8365 » Ewing.
8367 J et H Cumming
8369 Jamesima.
8370 John Munro.
8371 » Shaw.
8372 » Bannerman.
8374 » Brooks.
8375 » Stamp.
8376 » W. Dare.
8379 Justinia.
8390 Joseph Winter.
8391 Jeune Mathilde
8392 John Peal.
8394 » Southey.
8395 Janet Hutton.
8396 Jean Key.
8397 Jane Lockhart.
8401 » Shirreffs.
8402 » Ingram.
8403 » et Anne.
8405 » Prowse.
8406 » et Maria.
8407 Jabez.
8409 Jumna.

8410 Jean Graham.
8412 Ino.
8413 Isabel II.
8415 Iona.
8416 James Dunn.
8417 » Ray.
8419 » Crawford.
8420 Jonje Adriana.
8421 à 8452 } *voir* après 9036.
8421 Kains.
8423 Kensington.
8425 Kara.
8426 King Henry.
8427 » William.
8429 Kingsdown.
8430 Kusrovie.
8431 King George IV.
8432 Koophandel.
8435 Kerswell.
8436 Kyle.
8437 Kirkman Finlay.
8439 Kinnear.
8450 King's Cove.
8451 Killermont.
8452 Kamaskda.
8453 à 8460 } *voir* après 9046.
8461 Killarney.
8462 Kaleva.
8463 Kosack.
8467 Lord Lowther.
8469 » Sandon.
8470 » Oriel.
8471 » Blarney.
8472 » Strangford.
8473 » Glenlyon.
8475 » W. Bentick.
8476 Leeds.
8479 Lord Goderich.
8490 Lotus.
8491 Louisa Matilda.
8492 Louisiana.
8493 Lucilla.
8495 Lucinda.
8496 Lucretia.
8497 Ludlow.
8501 Little Bray.
8502 Lerwick.
8503 Lara.
8506 Leader.
8507 Loretto.
8508 Lady's Advent.

LA PREMIÈRE FLAMME DISTINCTIVE

Doit être hissée au-dessus du numéro, ou sur un autre mât.

8509 Lacks.
8510 Lady Clinton.
8512 » Macnaghten.
8513 » Grant.
8514 » Fitzherbert.
8516 » Clark.
8517 » Blackwood.
8519 » Farquhar.
8520 » Jane Stewart
8521 Larpool.
8523 Londonderry.
8524 Lena.
8526 Laburnum.
8527 Lancash Witch.
8529 Liberator.
8530 Linna.
8531 Linnet.
8532 Livingston.
8534 Lovely Fish.
8536 Legnan.
8537 Laidmans.
8539 Little Liz.
8540 Lucy Ann.
8541 » Ludlow.
8542 » Lodovica.
8543 Limerick Lass.
8546 Libra.
8547 Lowther.
8549 Litherland.
8560 Lord Althorp.
8561 » Canterbury.
8562 » Brougham.
8563 Lawrence.
8564 Lima Packet.
8567 Louisa Baillie.
8569 » Campbell.
8570 » Munro.
8571 Lady R. Barham.
8572 Little Catherine.
8573 Lady Turner.
8574 Leila.
8576 Lester.
8579 Lady Nepeau.
6702 Lambton.
6703 Lady Dundas.
6704 Ladoja.
6705 Lady Combermere.
6708 » Longueville.
6709 » Owen.
6710 » Middleton.
6712 Lagan.
6713 Leith Packet.
6714 Levant Star.
6715 Lingars.
6718 Lisette.
6719 Little Experiment.
6720 Lonach.
6721 Lord A. Hamilton.
6723 » Chesterfield.
6724 » Kilwarden.
6725 » Saltoun.
6728 » Teignmouth.
6729 Louisa Wilhelmine.
6730 » Elisabeth.
6731 Lovely Maria.
6732 Lucy Davidson.
6734 Lyme Packet.
6735 Lady Raffles.
6738 » Amherst.
6739 » Dunmore.
6740 » East.
6741 » Kennaway.
6742 Liberal.
6743 Llandovery.
6745 Lord Amherst.
6748 » Rodney.
6749 Lady Rowena.
6750 Meta.
6751 Madeira Packet.
6752 Mangrove Bay.
6753 Manufactor.
6754 M. of Drogheda.
6758 » of Hastings.
6759 Mary Ann. Sophia.
6780 Matty.
6781 May Fly.
6782 Meaburn.
6783 Merton.
6784 Minor.
6785 Montague Packet.
6789 Montrose.
6790 Mevagissey.
6791 Marlborough.
6792 Macqueen.
6793 Madras.
6794 Mansfield.
6795 Malcolm.
6798 Mellish.
6801 Mexborough.
8590 Matilda Luckie.
8591 Mary White.
8592 Millman.
8593 Maypo.
8594 Mary Frances Ann.
8596 » Sophia.
8597 » Ann Sophia.
8601 » Worrall.
8602 » Sharp.
8603 » Gordon.
8604 » Ann Webb.
8605 » Hartley.
8607 Magdelena.
8609 Maine.
8610 Maria et Jane.
8612 Martinique.
8613 Mary-Ford.
8614 Mechanic.
8615 Medea.
8617 Mediator.
8619 Meredith.
8620 Madeline.
8621 Maria Levina.
8623 » Teresa.
8624 » Darlington.
8625 » Dorothea.
8627 » Elisabeth.
8629 » Sophia.
8630 Montreal.
8631 Moon.
8632 Morning-Field.
8634 Motion.
8635 Mulgrave.
8637 Mary Brade.
8639 Marianne et Louisa.
8640 Mary Pistor.
8641 Montezuma.
8642 Monarch.
8643 Montgomery.
8645 Montmorency.
8647 Meilson.
8649 Mounstuart Elphinstone.
8650 Marquis Landsdown.
8651 Marshal Bennett
8652 Mutine.
8653 Marg. Thompson.
8654 Myra.
8657 Mordecai.
8659 Mungo Park.
8670 Mayor Dorothea
8671 Macaulay.
8672 Morgiana.
8673 Maxfield.
8674 Montague.
8675 Malcolm Brown
8679 Margaret Richardson.
8690 » Simpson.
8691 » Hall.
8692 » Johnston.
8693 Mouse.
8694 Matilda.
8695 Matura.
8697 Mould.
8701 Mencepia.
8702 Meg Merrilies.
8703 Mansfield.
8704 Macassar.
8705 Mail.
8706 Mary Taylor.
8709 » Catherine.
8710 » Stewart.
8712 » Bibby.
8713 » Somerville.
9605 Margaret Wilkie
9620 » Graham.
9621 Mortina.
9623 Mary Bulmer.
9624 Madonna.
9625 Mischief.
9627 Morayshire.
9742 Moslem.
9743 Molson.
9745 Mic Mac.
9746 Madagascar.
9748 Mary Sweet.
9750 Mobile.
9628 Neerlands Koning.
9630 Narwhal.
9631 New Thomas.
9632 Nonpareil.
6802 Naparima.
6803 New York Packet.
6804 » Jane.
6805 » Mildmay.
6807 » Union.
6809 Norwich Packet
6810 New Biggen.
6812 New Jersey.
6813 Noormahul.
6814 North Pole.
6815 New Prospect.
8714 New Brunswick
8715 Nereio.
8716 Nancy Brown.
8719 New Holland.
8720 Newhouse.

LA PREMIÈRE FLAMME DISTINCTIVE

Doit être hissée au-dessus du numéro, ou sur un autre mât.

8721 Norna.
8723 Nelson Wood.
8724 Nithsdale.
8725 Navy.
8726 Ninus.
8730 New Times.
8731 Nerbudda.
8732 Nameless.
8734 New Grove.
8735 Nehemiah.
8762 Nicholas Tyrer.
8763 Nora Creina.
8764 Naslednick.
8765 Niord.
8790 Nailer.
6817 Orléans.
6819 Ogle Castle.
6820 Olive Branch.
6821 Orbit.
6823 Orynthia.
6824 Oberon.
8736 Overend.
8739 Olive et Eliza.
8740 Ord.
8741 Omega.
8742 Olive.
8743 Oldham.
8745 Ortelius.
8746 Ocean Queen.
8749 Opossum.
8750 Offley.
8751 Orissa.
8752 Osbert.
8753 Otterspool.
8754 Oratava.
8756 Oline Cecille.
8759 Oliver Blanchard.
8760 Ondervinding.
8761 Orelia.
8762 à 8790 } *voir* après 8735
8791 à 8906 } *voir* après 7914
8907 Pascoa.
8910 Poseidon.
8912 Potosi.
8913 Penelly.
8914 Paradise.
8915 Prothesa.
8916 Preciosa.
8917 Pamina.
8920 Peter et Jane.
8921 Pleiades.
8923 Parmelia.
8924 Plata.
8925 Pegasus.
8926 Pyladia.
8927 Philip Dundas.
8930 Prince Frederic.
8931 » Oscar.
8932 Pallion.
8934 Paq. du Levant.
8935 Princess Louisa.
8936 Penang Packet.
8937 Para Packet.
8940 Palm.
8941 Panmure.
8942 Panthea.
8943 Paul.
8945 Peace.
8946 Penelope.
8947 Persian.
8950 Perfection.
8951 Peruvian.
8952 Petronella.
8953 Philoctete.
8954 Pioneer.
8956 Porter.
8957 Premium.
8960 Prime.
8961 Pieter et Karel.
8962 Platina.
8963 Post Boy.
8964 Perth.
8965 Permingham.
8967 Prima Donna.
8970 Port Glasgow.
8971 Patriot King.
8972 Pantaloon.
8973 Penyard Park.
8974 Parsee.
8975 Paddy.
8976 Pigeon.
9012 Pink.
9013 Princess Augusta.
9014 Pangus.
9015 Pensher.
9016 Peresto.
9017 Pericles.
9018 Pera.
9021 Paramban.
9023 Princess Marianne.
9024 Pertonjee Bomanjee.
9025 Peninsular.
9026 Pollock.
9027 Peter Senn.
9028 Permei.
9031 Permute.
9032 Premier.
9034 Porto Salvo.
9035 Principe Konaris.
9036 à 9046 } *Voir* après 8420
9047 à 9068 } *voir* après 7430
9071 à 9127 } *voir* après 7281
6825 Pactolus.
6827 Paget.
6829 Palmer.
6830 Pat Blaney.
6831 Pedlar.
6832 Permanent.
6834 Phesdo.
6835 Placidia.
6837 Ponsonby.
6839 Prince Blucher.
6840 P.Ch. of Wales.
6841 Pylades.
6842 Pollux.
6843 Paulinus.
6845 Pyramus.
6847 Pero.
6849 Peter et Maria.
6850 Philotaxe.
6851 P. of Denmark.
6852 Promise.
6853 Prudence.
6870 Petronella.
6871 Port of Spain.
6872 Pladda.
9128 Queenborough.
9130 Queen Elizabeth
9132 » Mab.
9134 » of the Isles.
9135 » of Scotland.
9136 » of Netherlands.
9137 Quarra.
9140 Roxburg Castle.
9142 Runnimede.
9143 Redmond.
9145 Repute.
9146 Rose Macroom.
9147 Rival.
9148 Rubicon.
9150 Rashleigh.
9152 Rimswell.
9153 Red Rover.
9154 Racer.
9156 Rasselas.
9157 Relief.
9158 Redpole.
9160 Richard et Mary
9162 » Thomas.
9163 » William.
9164 Rising Star.
9165 Robert Bruce.
9167 » Edwards.
9168 » Small.
9170 » Taylor.
9172 Robin Hood.
9173 Rob Roy.
9174 Rocket.
9175 Rangoon Packet
9176 Regular.
9178 Restitution.
9180 Renard.
9182 Rio Packet.
9183 Rome.
9184 Roman.
9185 Rosalind.
9186 Rosetta.
9187 Roslyn Castle.
9201 Rotterdam.
9203 Royal Mail.
9204 » Sovereign.
9205 Ralph Bernal.
9206 Royal Admiral.
9207 » Saxon.
9208 » Tar.
9210 » William.
9213 » Mint.
9214 Rhydeol.
9215 Resistance.
9216 Rahia.
9217 Research.
9218 Raymond.
9230 Rubens.
9231 Rutland.
9234 Ratcliffe.
9235 Ribble.
9236 Robert Finnie
9237 » Heddle.
9238 Rateau.
9240 Reform.
9241 Reuben.
9243 Rodolph.
9245 Regina.
9246 Richard Watson

LA PREMIÈRE FLAMME DISTINCTIVE

Doit être hissée au-dessus du numéro, ou sur un autre mât.

9247 Richard Mount
9248 Regatta.
9250 Rhydland.
9251 Rattlesnake.
9253 Rosabell.
9254 Rosewall.
9256 Robertson.
9257 Rossendale.
9258 Rookery.
9260 Ripley.
9261 Red Port.
9263 Rhoon et Pendrecht.
9264 Rotterdams Welvaren.
9265 Rowley.
9267 Renfrewshire.
9268 Richmond Hill.
9270 Rimswell.
9271 Rosebank.
9273 Rothschild.
6873 (*Voir* 9140.)
6874 Reliance.
6875 Rawlins.
6879 Rebecca Coffin.
6890 Redman.
6891 Reuben et Eliza
6892 Reynard.
6893 Reynolds.
6894 Rhoda.
6895 Riby Grove.
6897 Riga Merchant.
6901 Robert et Alice.
6902 » Fulton.
6903 Rockliffe.
6904 Roseberry.
6905 Rosetta.
6907 Ross Packet.
6908 Roxana.
6910 Royal Eagle.
6912 Ruthy.
6913 Richard Plasket
6914 Retrench.
6915 Richard Reynolds.
6917 Redpole.
6918 Repulse.
6920 Ricardo.
6921 Richard Pope.
6923 » Rimmer.
6924 Robert Taylor.
6925 Sir G. Osborne.
6927 Sagadahock.
6928 Sandyford.
6930 Sarah et Caroline
6931 Seaforth.
6932 Shipley.
6934 Sicilian.
6935 Sir G. Bechwith
6937 » John Tobin
6938 Skelton.
6940 Snowdon.
6941 Sons of Comm.
6942 Steamer Packet.
6943 Stedcombe.
6945 Stritcham Castle
6947 Summer.
6948 Southworth.
6950 Saguenay.
6951 Smyrna Packet.
6952 Scotia.
6953 Scourfield.
6954 Saucy Jack.
6957 Sir Ed. Paget.
6958 Salmon River.
6970 Security.
6971 Sir Wm Wallace
6972 » Ch. Forbes
9274 Secret.
9275 Sabini.
9276 Spheroid
9278 Slains Castle.
9280 Salvatorium.
9281 Sir W. Parnell
9283 » Dick.
9284 » Chaytor.
9285 » W.-Scott.
9286 Sancho Panza.
9287 Sea Bird.
9301 Saladin.
9302 Stratford.
9304 Sarah et Maria.
9305 » Barry.
9306 San Francesco.
9307 » Guiseppe.
9308 Soffia.
9310 St. Hilda.
9312 Sir Th. Munro.
9314 » Ch. M. Carthy.
9315 » David Scott
9316 » John Newport.
9317 » F. N. Burton.
9318 » Edward Banks.
9320 Scott.
9321 St. Pierre.
9324 Spitfire.
9325 Stranger.
9326 Sarah et Ann.
9327 » Shornton.
9328 Sedulous.
9340 Seppings.
9341 Shepherd.
9342 Silvanus Jenkins
9345 Scotsman.
9346 St. Peter.
9347 Spanish Packet.
9348 Spencer Wynn.
9350 Sea Wolf.
9351 Saxony.
9352 Strathmore.
9354 Scamander.
9356 St. David.
9357 Sapphire.
9358 Sportsman.
9360 Sea Lark.
9361 Sophie.
9362 Soho.
9364 Shylock.
9365 SophieCatherine
9367 Sam Hinds.
9368 Sprece.
9370 Saltoun.
9371 St. Croix.
9372 South Australia.
9374 Satisfaction.
9375 Scandinavia.
9376 Scorpion.
9378 Scotia.
9380 St. Catherine.
9381 » Joseph.
9382 » Lucia.
9384 » Petersburg.
9385 Snowdrop.
9386 Socrates.
9387 Somers.
9401 Sir John Duckworth
9402 » John Kean.
9403 » George Osborne.
9405 » Howard Douglas.
9406 » James Kempt.
9407 » Sydney Smith.
9408 » W. Wallace
9410 Samuel et John.
9412 Skelton.
9413 Sphinx.
9415 Sublime.
9416 Sultan.
9417 Sultana.
9418 Sumatra.
9420 Swiss.
9421 Sylvester.
9423 Sylvia.
9425 Sarah Ward.
9426 Sir John Rae Reid.
9427 St.Vincent Planter.
9428 Star of Batavia.
9430 Schelde.
9431 Skerne.
9432 Sullimany.
9435 Stanmore.
9436 Stonelan.
9437 Singapore.
9438 StadtAntwerpen
9450 » Gend.
9451 » Bruge.
9452 Sea Witch.
9453 Solima.
9456 Springhill.
9457 South Australin.
9458 Sir John Franklin.
9460 » Colin Campbell.
9461 Straheden.
9462 Schimmel Pennich.
9463 Samuel Brown.
9465 Syeed Khan.
9467 Sarepta.
9468 Susan et Ann.
9470 Staffa.
9471 Staindrop.
9472 Soobrow.
9473 Sheldrake.
9475 Sam. Winter.
9476 Swinemunde.
9478 Sarah Nicholson
9480 Syden.
9481 Stanmer.
9482 Skylark.
9483 Statesman.
9485 Sanderson.
9486 Saltram
9487 Sybilla.
9501 Star.
9502 Stirlingshire.
9503 Statira.
9504 Strathfieldsay.
9506 Thomas Daniels.

LA PREMIÈRE FLAMME DISTINCTIVE

Doit être hissée au-dessus du numéro, ou sur un autre mât.

9507 Tho. Battersby.
9508 » King.
9510 » et Alfred.
9512 » et Elizabeth
9513 » Leech.
9514 » Worthington.
9516 » Richardson
9517 » Dougal.
9518 » Harrison.
9520 Tweed.
9521 Tasmania.
9523 Trompe.
9524 Tryphena.
9526 Thomas Peele.
9527 Tenace.
9528 Tallyho.
9530 Tees.
9531 Trescott.
9532 Tourist.
9534 Town.
9536 Thisbe.
9537 Test.
9538 Tarragon.
9540 Trinidad.
9541 Terra Nova.
9542 Teutonia.
9543 Texel.
9546 Tiberius.
9547 Tickler.
9548 Times.
9560 Transit.
9561 Tropic.
9562 Twist.
9563 Tima.
9564 Tom O' Shanter.
9567 Tom et Jessie.
9568 Trinity Yatch.
9570 Thomas Snook.
9571 » Ritchie.
9572 Tapley.
9573 Tar.
9574 Tempest.
9576 Tyrer.
9578 Tyne Castle.
9580 Tweed Side.
9581 Thynwald.
9582 Trinity Buoy Yatch.
9583 Trinculo.
9584 Town of Ross.
9586 Tampico.
9587 Tyro.
9601 Tyrian.

9602 Timbo.
9603 Toronto.
9604 Trinidad Packet
9607 Topaz.
9608 Tancred.
9610 Turcan.
9612 Thalestris.
9613 Th. Bennett.
9614 » Hodgson.
9615 » Hughes.
9617 Titania.
9618 Tory.
9620 à 9632 *Voir* après 8713
9634 à 9653 *Voir* après 7805
9654 à 9687 *Voir* après 7604
6973 Tanjore.
6974 Teignmouth.
6975 Teresa.
6978 Townshend.
6980 Tula.
6981 Tuscarand.
6982 Tamerlane.
6983 Toward Castles.
6984 Thomas Wallace
6985 » Richie.
6987 Theodorick.
7012 Valleyfield.
7013 United Kingdom
7014 Utopia.
7015 Vesper.
7016 Vibilia.
7018 Vigilance.
7019 Virginia.
7021 » Packet.
9701 Vane.
9702 Veracity.
9703 Vintage.
9704 Visitor.
9705 Voyager.
9706 Volusa.
9708 Valetta.
9710 Vistula.
9712 Vectis.
9713 Veitch.
9714 Vrow Maria.
9715 Velox.
9716 Viscount Melbourne.
9718 Ver.

9720 Verlena.
9721 Vernon.
9723 Ville de Bruxelles.
9724 Virginie Sophie.
9725 Vrow Henrietta.
9726 Vernal.
9728 Vrede.
9730 Volharding.
9731 Uncertain.
9732 Unerig.
9734 Ulrica.
9735 United Brothers
9736 Ulster.
9738 Unternehmung.
9770 Ursala.
9741 Ursa Minor.
9742 à 9750 *voir* après 9627.
9753 Waverley.
9752 Wm Brodri
9753 » Darley.
9754 Watkins.
9756 Woodlark.
9758 W^{ms} Increase.
9760 Wensleydale.
9761 Whitehaven.
9762 Wesley.
9763 Winscales.
9764 Wilhelm.
9765 Walcheren.
9768 Walls' End.
9780 Walrus.
9781 Walter Scott.
9782 Watchful.
9782 Welcome.
9784 William Galt.
9784 » Brown.
9786 » Maitland.
9801 » Tell.
9802 » et Edward.
9803 Willington.
9804 Wolga.
9805 Woodcock.
9806 Wortley.
9807 Westbrook.
9810 Warblington.
9812 Westoe.
9813 Warringford.
9814 William Ash.
9815 » Rushton.
9816 » Hamley.
9817 » Bowes.
9820 » Bryan.

9821 Wm Thompson.
9823 » Lockerby.
9824 » Harris.
9825 » Salthouse.
9826 » et Charles.
9227 » Metcalfe.
9830 Walmer.
9831 Winewick.
9832 Walter Johnson.
9834 William Forster
9835 » Glen Anderson.
9836 Water Witch.
9837 Willem.
9840 William Herdman.
9841 Widow's Friend
9842 Wilton Wood.
9843 William Barras.
9845 » Fawcett.
9846 » Mulvey.
9847 » Ritchie.
9850 » Gray.
9851 » Jurner.
9852 Welsford.
9854 Wynhandel.
7023 Waldermare.
7024 Walpole.
7025 Waterford.
7026 William Black.
7028 » Etherington.
7029 » et Frances.
7031 » Howland.
7032 » Savage.
7034 » Skyrme.
7035 Windermere.
7036 Windsor Castle.
7038 Woodlark.
7039 Woods.
7041 Woodstrock.
7042 » Manning.
7043 » Shand.
7045 » Lushington.
7046 Webster.
7048 Wm Fairlie.
7049 » Money.
7051 » Parker.
7052 W. I. Packet.
7053 Water Lilly.
7054 Wm Appleton.
7056 Waldo.
7058 Wm Rugg.
7059 Walworth Castle
7061 Wellwood.
9856 Young Hero.

LA PREMIÈRE FLAMME DISTINCTIVE

Doit être hissée au-dessus du numéro, ou sur un autre mât.

9857 Young John.	7064 Young Messeng.	7083 Zebra.	9871 Zephyrus.
9860 » Norval.	7065 » Oliver.	9863 Zebulon.	9872 Zuma.
9861 » Phœnix.	7068	9864 Zuleika.	9873 Zaida.
9862 » Husband.	7069	9865	9874 Zeno.
7062 York Union.	7081	9867	9875 Zephyrus.
7063 Young Peter.	7082 Zoroaster.	9870 Zeelust.	9876 Zorilda.

NOTA. — *Voir un autre supplément de noms de navires marchands étrangers à la fin de la* PARTIE III.

TROISIÈME PARTIE.

NOMS DES PORTS, CAPS, ETC.

PAVILLON DE RENDEZ-VOUS

Doit être hissé au-dessus du numéro.

1 Aberdeen.
2 Aberdovi.
3 Aberistwith.
4 Abo.
5 Amirauté (Iles de l').
6 Adrianople.
7 Adriatique.
8 Afrique (côte d').
9 Agnèse (Sainte-), (feu).
10 Agra.
12 Ajaccio.
13 Air (feu).
14 Aix (île d')
15 Alban (Saint-), (cap)
16 Alboran, (île).
17 Aldborough.
18 Alderney, (île).
19 Alep.
20 Alexandrie.
21 Algeziras.
23 Alger.
24 Alicante.
25 Altone.
26 Amboine.
27 Amérique du Nord
28 Amérique du Sud
29 Ameland.
30 Amsterdam.
31 Ancône.
32 André (Saint-).
34 Anglesea (île d').
Angleterre 309
35 Anholt, (île.)
36 Anguille.
37 Anne (Sainte-).
38 Annapolis Royal.
39 Antibes.
40 Antecosta.
41 Antigue.
42 Anvers.
43 Acapulco.
45 Archangel.
46 Archipel.
47 Arendahl.
48 Ascension, (île).
49 Augustine (Sainte)
50 Açores.
51
52
53
54 Baham, (îles).
56 Bahia.
57 Baltique.
58 Baltimore.
59 Banca. (île.)
60 Banda.
61 Barbade.
62 Barbarie.
63 Barbade, (île).
64 Barcelone.
65 Barfleur, (cap.)
67 Barnstaple.
68 Barthélemy, (île)
69 Bas (île de).
70 Basse-Terre.
71 Bastia.
72 Batavia.
73 Bath.
74 Bayonne.
75 Beachy, (cap.)
76 Beaumaris.
78 Beerhavre.
79 Beering (étroit de)
80 Belem.
81 Belfast.
82 Bell-Roche (feu).
83 Belt (le Grand).
84 Belt (le Petit).
85 Bembridge (chaîne de rochers).
86 Bencoul.
87 Bengale.
89 Benguela.
90 Berbice.
91 Bergen.
92 Bermude.
93 Berry.
94 Berwick.
95 Biddefort.
96 Bigberry. (baie).
97 Bilbao.
98 Biscaye (baie de).
102 Black-Rocks.
103 Mer-Noire.
104 Blanc (cap.)
105 Blue Fields.
106 Blyth.
107 Bolt (cap.)
108 Bombay.
109 Bon (cap).
123 Bonavista.
Bonne Espérance (cap de) 396
124 Bordeaux.
125 Borneo (île).
126 Bornholm (île)
127 Boston.
128 Botany Bay.
129 Boulogne.
130 Bourbon (île).
132 Brazen (cap).
134 Brésil.
135 Brême.
136 Brest.
137 Breton (cap).
138 Brewers Haven.
139 Bridlington.
140 Bridport.
142 Brighton.
143 Bristol.
145 Brixham.
147 Broad fourteens.
148 Buchanness.
149 Buenos-Ayres.
150 Burlings.
152 Bleville.
153
154
Bout d'Angleterre. 518
156 Cadix.
157 Cagliari.
158 Calmar.
159 Caicos (île).
160 Calais.
162 Calcutta.
163 Calédonie (Nouvelle.
164 Calicut.
165 Californie.
167 Callao.
168 Campbeltown.
169 Campêche.
170 Camperdown.
172 Canada.
173 Canaries.
174 Candie.
175 Cadigan (baie).
176 Carlescroon.
178 Carmarthen (baie).
179 Caroline.
180 Caracas.
182 Carrick-Fergus.
183 Carthagène.
184 Carthtown.
185 Caspienne (mer).
186 Catalogne (côte de).
187 Categat.
189 Catherine (Sainte) point.
190 Causand (baie).
192 Cayenne.
193 Celèbes.
194 Cephalonne.
195 Cette.
196 Ceuta (P.)
197 Ceylan.

PAVILLON DE RENDEZ-VOUS

Doit être hissé au-dessus du numéro.

198 Charente.
201 Charles (cap.)
203 Charleston.
204 Chaperon (feu).
205 Chatham.
206 Chedubuctou.
207 Cherbourg.
208 Chesapeak.
209 Chili.
210 Chine.
213 Christchurch (cap).
214 Christiana.
215 Christian sund.
Christophe 504
216 Civita Vecchia.
217 Clare (cap).
218 Clock (feu).
219 Cochin,
230 Clyde.
231 Cod (cap).
234 Comorin (cap).
235 Connecticut.
236 Constantinople.
237 Copenhague.
238 Cordouan (feu).
239 Corfou.
240 Corinthe.
241 Cork.
243 Cornouailles(cap)
245 Coromandel.
246 Corse (île).
247 Corvo.
248 Corogne (la).
249 Cowes.
250 Creux (cap).
251 Croix (Sainte).
253 Cromer (feu).
254 Cronstadt.
256 Crook Haven.
257 Crux Santa.
258 Cuba.
259 Curaçao.
260 Cuxhaven.
261 Cypre.
263
264
265 Damiette.
267 Dantzic.
268 Dardanelles.
269 Dartmouth.
270 Davies (détroit.)
271 Deal.
273 Delaware.
274 Demerara.

275 Danemarck.
276 Deptford.
278 Deseada (cap).
279 Dieppe.
280 Dieu (île de).
281 Dingle (baie).
283 Domingue (St.) (île.)
284 Dominique.
285 Douvres.
286 Dunes.
287 Drontheim.
289 Dublin.
290 Dumfries.
291 Dunbar.
293 Dundalk.
294 Dundee.
295 Dungarvon.
296 Dungeness. (feu)
297 Dunkerque.
298 Dunnose.
301
302
304 Eddystone (feu).
305 Egg-Havre.
306 Elbe.
307 Elseneur.
308 Embden.
309 Angleterre.
310 Esequebe (riviè.)
312 Eustache (Saint.)
314 Exmouth.
315
316 Fair (île.)
317 Falkland (île)
318 Falmouth.
319 False (baie.)
320 False (cap.)
321 Falsterbor. (feu.)
324 Fanoe.
325 Fayal.
326 Fear (cap.)
327 Ferret (cap.)
328 Ferrol.
329 Figueira.
340 Finistère (cap.)
341 Finland.
342 Fiorenzo (St.)
345 Flambro (cap.)
346 Flores (îles.)
347 Floride.
348 Flessingue.
349 Fogo.
350 Folkstone.
351 Foreland (Nord.)

352 Foreland (Sud.)
254 Formigas.
356 Fort St Georges.
357 Fort St Julien. S. A.
358 Fowey.
359 France.
360 France (île de.)
361 François (cap.)
362 Friendly (île.)
364 Friesland.
365 Frith of Forth.
367 Funchall.
368 Fundy (baie de)
369
370 Gaeta.
371 Galle (pointe de.)
372 Gallipagos.
374 Gallipoli.
375 Galloper (feu.)
376 Galway (baie.)
378 Gambie.
379 Gatte (cap de.)
380 Gèfle.
381 Gênes.
382 George (St.), (chenal.)
384 George (St.) (île)
385 Géorgie.
386 Gibraltar.
387 Glascow.
389 Gijon.
390 Gluckstadt.
391 Goa.
392 Goldcoast (Côte-d'Or.)
394 Gomesa.
395 Gonaives.
396 Good Hope (cap de Bonne-Esp.)
397 Goodwin Sands (sables.)
398 Gore (île)
401 Gottembourg.
402 Gravesend.
403 Grangemouth.
405 Granville (baie.)
406 Groenland.
407 Greenock.
408 Greenwich.
409 Grenade.
410 Grimsby.
412 Gronningue.
413 Guadeloupe.
415 Guardafui.

416 Guayaquil.
417 Guinée (côte de.)
418 Guernsey.
419 Haacks Sand (sable.)
420 Hague.
421 Halifax, N.Scot.
423 Hambourg.
425 Harfleur.
426 Harlingue.
427 Hartland (point.)
428 Harwich.
429 Hastings.
430 Hatteras (cap.)
431 Havane.
432 Hâvre-de-Grace.
435 Hâvre (Phare du)
436 Haïti.
437 Hébrides.
438 Hébrides (Nouv.)
439 Hedie (île.)
450 Helder.
451 Hélène (Sainte-) (île.)
452 Helens (St.)
453 Héligoland.
456 Helvœutsluys.
457 Henri (cap.)
458 Hières (îles.)
459 Hogue (cap la.)
460 Hollande.
461 Hollande (Nouv.)
462 Holyhead.
463 Honduras.
465 Horn (cap)
467 Houly (baie.)
468 Hudson (baie de.)
469 Hull.
470 Humber.
471 Hurse (feu.)
472 Honfleur.
473 Islande.
475 Ilfracombe.
476 Indes-Orientales.
478 Indes-Occident.
479 Ireland.
480 Italie.
481 Ives (Saint-.)
482 Ivica.
483 Ivoire (côte.)
485 Iago Saint-.)
Iles de vent. 947
Iles dessous le vent. 520
Jago (St-.) 485

PAVILLON DE RENDEZ-VOUS

Doit être hissé au-dessus du numéro.

486 Jamaïque.
487 Janeiro (Rio.)
489 Jacmel.
490 Java (île.)
491 Jean-de-Luz.
492 Jersey (île.)
493 Jean (St.) Terre-Neuve.
495 Jean (St.-) N. B.
496 Jean (St. - d'Acre.)
497 Jutland.
498
501 Kingston (Jamaïque.)
502 Kinsale.
503 Kirkwall.
504 Kitts (Saint-.)
506 Kooser (feu.)
507 Kullen (feu.)
508
509 La Guayara.
510 Labrador.
512 Lacadives (îles.)
513 Ladrone (îles)
514 Lagos.
516 Lampeduse.
517 Lancaster.
518 Land's End (Bout d'Angleterre.)
519 Laurence (Saint.)
520 Leeward (îles sous le vent.)
521 Livourne.
523 Leith.
524 Lemon Owers.
526 Lerwick.
527 Levant.
528 Liebau.
529 Limerick.
530 Lima.
531 Lisbonne.
532 Lissa.
534 Littlehampton.
536 Liverpool.
537 Lezard.
538 Loch-Eribol.
539 Loch-Ryan.
540 Londres.
541 Londonderry.
542 Longships (feu.)
543 Lorient.
546 Louis (Port-.)
547 Louisbourg.
548 Lowestoffe.
549 Lubeck.
560 Lucar (Saint.)
561 Lucie (Sainte.)
562 Lundi, (île.)
563 Lymington.
564 Lynn-Regis.
567 Lynn.
568
569 Macao.
570 Macassar.
571 Madagascar.
572 Madère.
573 Madras.
574 Magellan.
576 Mahon.
578 Majorque.
579 Malacca.
580 Malaga.
581 Maldives.
582 Malo (Saint.)
583 Malte.
584 Man (île de.)
586 Manade, (rochers.)
587 Manille.
589 Maranham.
590 Marblehead.
591 Margate.
592 Marigalante.
593 Marseille.
594 Martha (Saint.)
596 Martin (Saint.)
597 Martinique.
598 Mary (Saint.), (rivière.)
601 Mary (Saint) (île.)
602 Massachussett.
603 Maurice (île.)
604 May (cap.)
605 May (île.)
607 Mecca.
608
609 Méditerrannée.
610 Memel.
Mer-Noire. 103.
612 Messine.
613 Michel (Saint-.)
614 Milford Haven.
615 Minorque.
617 Miramichi.
618 Mississipi.
619 Mizen (cap.)
620 Mobile.
621 Moka.
623 Mogodore.
624 Moluques.
625 Monte-Video.
627 Montpellier.
628 Montego (baie.)
629 Montrose.
630 Montserrat.
631 Morée.
632 Morocco.
634 Motherbanc.
635 Mounts (baie).
637 Mozambique.
638 Mull (île).
639 Mundsley.
640 Murviedro.
641
642 Nantes.
643 Nantucket (île).
645 Naples.
647 Nassau.
648 Naze de Norwège
649 Needles (ou) Aiguilles.
650 Nevis.
651 Newcastle.
652 Nouvelle-Angleterre
653 Nouvelle-Terre (la)
654 New Grand Banc.
659 New-Hampshire (la).
658 Newhaven.
659 New Jersey.
670 New-Port.
671 New-Port, R. I.
672 Newry.
673 New-York.
674 Nice.
675 Nicabar (îles).
678 Nore.
679 Norfolk (côte de).
680 Northfleet.
681 Nord (mer du).
682 Norwège.
683 Nova Scotia.
684
685 Old Head de Kinsale.
687 Oleron (îles).
689 Omer (St.).
690 Oporto.
691 Orfordness.
692 Orkneys. (île.)
693 Orléans (Nouv.).
694 Oronooko (rivièr.)
695 Ortegal (cap.)
697 Ostende.
Ouessant. 932
698 Ower's (feu).
701 Owhyhee.
703 Palerme.
704 Padstow.
705 Palmer (cap).
706 Papa-Westra.
708 Pensacole.
709 Penzance.
710 Pernambuc.
712 Peterhead.
713 Pétersbourg.
714 Philadelphie.
715 Philippine (îles).
716 Pico.
718 Pillau.
719 Pictou.
720 Plata (Rio de la).
721 Plymouth.
723 Pondichéry.
724 Poole.
725 Port Jackson.
726 » Morant.
728 » Patrick.
729 » Paix.
730 » au Prince.
731 » Royal.
732 Portland.
734 Porto Bello.
735 » Praya.
736 » Rico.
738 » Santo.
739 Portsmouth.
740 Prince (île de).
741 Providence. (N.)
742 Providence R. I.
743 Pulo-Penang.
745 Prusse.
746 Quebec.
748 Quiberon (baie).
749
750 Race (cap).
751 Rame (cap de).
752 Ramsgate.
753 Rathlin (île).
754 Reculver.
756 Rouge (la mer).
758 Revel.
759 Rhé (île).
760 Rhode (île).
761 Richmond, (en Virginie.)
762 Riga.

PAVILLON DE RENDEZ-VOUS

Doit être hissé au-dessus du numéro.

763 Richibucto.
764 Rochebon.
765 Rochelle (la)
768 Rochefort.
769 Ronaldha (Nord)
780 Ronaldha (Sud).
781 Rotterdam.
782 Rouen.
783 Ryde.
784 Rye.
785 Rugen (île de).
786 Russie.
789 Sable (cap).
790 Sable d'Olonne.
791 Saintes.
Ste. Agnèse. 9
St. Alban. 15
Ste. Anne. 37
St. Augustine. 49
St. Christophe. 504
Ste. Catherine. 189
Ste. Croix. 251
St. Domingue. 283
St. Eustache 312
St. George, chenal. 382
St. George, île. 384
Ste. Hélène 451
St. Helens. 452
St. Iago. 485
St. Ives. 481
St. Jean d'Acre. 496
St. Jean de Luz. 491
St. Jean N. B. 495
St. Jean de Terre-Neuve. 494
St. Lucar. 560
Ste. Lucie. 561
St. Malo. 582
St. Mary. 598
St. Michael. 613
St. Omer. 689
St. Ubes. 928
St. Valery. 910
Santa Cruz. 257
792 Saldanha.
793 Salem.
794 Salvador. (Saint)
795 Salvages (îles).
796 Sandown (château de).
798 Sandwich.
801 Sandyhook (feu).
802 Sandyport (feu).
803 Santander.
804 Sardaigne.
805 Savannah.
806 Scarborough.
807 Scaw (feu.)
809 Sorlingues.
810 Seaford.
812 Seara.
813 Sénégal.
814 Sheerness.
815 Shetland.
816 Shields.
817 Shoreham.
819 Sicile.
820 Sierra Leone.
821 Skerries (feu).
823 Sligo.
824 Sky (île de).
825 Smyrne.
826 Socatra.
827 Société (îles).
829 Sofala.
830 Solway-Frith.
831 Sound.
832 Southwold.
834 Southampton.
835 Spartle (cap).
836 Spithead.
837 Spurn (feu).
839 Stadenger.
840 Staples (feu).
841 Start (point de).
842 Stettin.
843 Stockholm.
845 Stockton.
846 Stromness.
847 Sunderland.
849 Sunda (détroit).
850 Surinam.
851 Swansea.
852 Suède (la).
853 Syracuse.
854 Sincapore.
856 Table (baie).
857 Tangiers.
859 Tariffa.
860 Teignmouth.
861 Tenedos.
862 Ténériffe.
863 Terceira (île).
864 Terragona.
865 Tetuan.
867 Texel.
869 Tamise.
870 Thomas (Saint).
871 Tiberoon (cap).
872 Tobago (île.)
873 Topsham.
874 Tonningen.
875 Torbay.
876 Toro (île).
879 Torpoint.
890 Tortola.
891 Tortuga.
892 Toulon.
893 Trafalgar (cap.)
894 Tranquebar.
895 Tralee.
896 Trepany
897 Trieste.
901 Trincomalee.
902 Trinidad.
903 Tripoli.
904 Tunis.
905 Turks Island.
906 Turquie.
907 Valentia.
908 Valencie.
910 Valery (Saint).
912 Valparaiso.
913 Venise.
914 Vera-Cruz.
915 Vert (cap de).
916 Viana.
917 Vigo.
918 Villa Franca.
920 Vincent (St.). île.
921 Vincent (St.), cap
923 Virgin Gorda.
924 Virgin (îles).
925 Virginie.
926 Vlie.
927
928 Ubes (Saint).
930 Uddersalla.
931 Ulcaborg.
932 Ouessant.
934 Utrecht.
935
936 Waterford.
937 Wilmington.
938 Wells.
940 Westport.
941 Weymouth.
942 Whitby.
943 Whitehaven.
945 Wight (île de).
946 Windsor.
947 Windward (îles), (îles de vent).
948 Wisby.
950 Wolfe (roche).
951 Woolwich.
952 Wrath, (cap.)
953 Wibourg.
954
956 Yarmouth (Nord)
957 Yarmouth (Sud).
958 Youghall.
960 Ystadt.
961
962 Zélande (Nouvelle).
963 Zuderic Zee.
964 Zante.
965

SUPPLÉMENT

AUX NAVIRES MARCHANDS ÉTRANGERS.

LA PREMIÈRE FLAMME DISTINCTIVE

Doit être hissée au-dessus du numéro, ou sur un autre mât.

1032 Abbotsford.
1046 Achiever.
1049 Adm. Evertzon.
1052 » de Ruyter.
1053 Adonia.
1089 Agrippina.
1098 Ahiezer.
1205 Aide-de-Camp.
1230 Albyn.
1234 Alexandrina.
1257 Ampulla.
1280 Antonita.
1283 Anna Paulowna.
1309 Apame.
1320 Apolline.
1340 Argentina.
1342 Arrow.
1345 Arachne.
1357 Aslan.
1364 Athalidas.
1370 Avacucho.
1372 Augea.
1386 Aylesford.
1394 Azores Packet.
1397 Bardaster.
1398 Bantam.
1426 Beaufort.
1427 Bengalee.
1430 Berkshire.
1432 Berbice.
1457 Biene.
1465 Blackaller.
1467 Black Joke.
1468 Black Cat.
1479 Bomanza.
1493 Bragila.
1495 Bryan Abbs.
1496 Brit. Isles.
1497 Blorenge.
1498 Brit. Pride.
1530 Buoyant.
1453 Bywell.
1566 Cacique.
1629 Cessnock.
1643 Chalco.
1645 Chipewa.
1647 Chelydra.
1648 Chilmark.
1683 Cid.
1684 C. of Kingston.
1685 » Adelaide.
1695 Clarita.
1723 Cobrera.
1724 Collonsay.
1725 C. Houtman.
1790 Cragie.
1804 Cubana.
1823 Cynosure.
1829 Damarisotte.
1830 David Luckie.
1852 Delme.
1853 Deva.
1854 Delhi.
1856 Dream.
1857 Delia.
1873 Dibden.
1894 Domus.
1895 Donor.
1926 Driope.
1937 D. Secundo.
1958 Dynamene.
1965 Eamont.
1967 Earl Durham.
1968 » Hardwicke.
1986 Eblana.
2017 Eclair.
2035 Edina.
2036 Edw-Barnett.
2051 Egidius.
2058 Eiche.
2064 Eleutheria.
2065 Eliz. Anthonia.
2073 » Russell.
2085 Emancipation.
2086 Emu.
2098 Enigheten.
2103 Energy.
2138 E. Fortunato.
2146 Essequibo.
2154 Ethelbert.
2160 Eucles.
2169 Eweretta.
2175 Exile.
2184 Fair Barbadian.
2306 Fedel Amico.
2317 Fitzroy.
2318 Figalton.
2348 Floraville.
2359 Formidable.
2376 Fredericksbaven
2403 Fulmar.
2409 Fylde.
2416 Galena.
2417 Galen.
2437 Gemalo.
2476 Giraffe.
2485 Glemarne.
2486 Glengary.
2498 Gondolfo.
2501 Gordon.
2503 Gov. M. Lean.
2504 » Doherty.
2538 G. Bogoslof.
2541 Great Westerns.
2569 Gunga.
2570 Guineaman.
2578 Habnah.
2579 Hamilton Ross.
2814 Hen. Theodore.
2815 Heber.
2817 Helen M'Gregor
2831 Hendrick Jan.
2659 Hippogriff.
2684 Holters Minde.
2685 Honduras.
2704 Humphrey.
2718 Hylton.
2736 Idris.
2741 Ilia.
2748 Imperial.
2753 Incertus.
2754 Index.
2783 Ipswich Trader.
2796 Isab. Napier.
2798 » Anna.
2810 Itowa.
2816 Ivanhoe.
2830 Jarrow.
2831 Jane Blain.
2834 Ja Vaan.
2835 James Moren.
2840 J. C. J. Van Spejk.
2865 Jessie Ritchie.
2875 Jim Crow.
2879 John Dennistoun
2890 » Panter.
2891 » Fleming.
2893 » Cree.
2914 Joseph et Victor
2918 Joseph Wallace.
2948 Jud. Elizabeth.
2968 Kastor.
2970 Kangaroo Isle.
2975 Kleith Stewart.
2976 Kelpie.
2985 Kilmaurs.
2016 King Alfred.
3026 Kosack.
3032 Lady Brougham
3054 » Feversham.
3056 » Leigh.
3057 » Bute.
3067 La Semillante.
3068 Law Ogilby.
3105 Leadbitter.
3106 Le V. Basque.
3127 Lintin.
3159 Llan Rumney.
3165 Lodovico.
3167 Lochiel.
3179 L. Redesdale.
3215 Lunenburg.
3246 Lysander.
3251 Magnus Troil.
3254 Marinus.
3256 Mazeppa.
3257 Maraboo.
3261 Mary Halket.
3264 » Lyon.
3265 » Ridgeway.
3267 » Mitcheson.
3268 M. Abercorn.
3275 Marco Bozaris.
3276 Marico Hardy.
3278 Maurilton.
3279 Mary Hay.
3280 » Ch. Weber.

LA PREMIÈRE FLAMME DISTINCTIVE

Doit être hissée au-dessus du numéro, ou sur un autre mât.

3480 Mensagero.
3481 Menado.
3509 Millicient.
3510 Midlothian.
3526 Mozambique.
3571 Muto.
3572 Munster Lass.
3574 Musica.
3584 Najade.
3589 Neptunus.
3598 N. S. Fernando.
3601 Nerva.
3627 Nina.
3645 Nord Stern.
3649 Noord Star.
3659 N. S. Anna.
3674 Nyverheid.
3687 Ober. P. Sack.
3704 O'Connell.
3719 Offerton.
3745 Olga.
3746 Olinda.
3752 Omond.
3780 Onondaga.
3782 Orator.
3784 Orontes.
3794 Osby.
3810 Ovis.
3815 OGlendower.
3819 Oxalis.
3827 Palamedes.
3829 Parrock Hall.
3840 Parland.
3860 Penningham.
3861 Penang.
3862 Persia.
3892 Philomela.
3894 Phantom.
3902 Pittscottie.
3912 Plym.
3921 Pons Ælii.
3925 Port Adélaïde.
3946 Priam.
3967 Puella.
3972 Pythorn.
3978 Quay Side.
3984 Q. Adelaide.
4021 Rajah.
4023 Rawlins.
4025 R. Rance.
4035 Redwing.
4051 Resolutie.
4063 Rhien.
4065 Rhienvella.
4067 Rifleman.
4079 Romanoff.
4150 Runswick.
4159 Ryhope.
4165 Salvatore.
4167 S. Enderby.
4173 Sara Lydia.
4217 Schwartz.
4218 Sch. Verbond.
4251 Senator.
4253 Semillante.
4256 Seymour.
4268 Sheraton.
4279 Sir A. Campbell
4280 » H. Taylor.
4281 » Lionel Smith.
4283 » Robert Peel.
4285 » John Byng.
4286 » R. Ferguson.
4291 Siam.
4293 Simeon Hardy.
4315 Smales.
4328 South Durham.
4350 Sourabay.
4351 Soerabaya.
4360 Spermaceti.
4376 Squire.
4381 Strathisla.
4382 Strabane.
4501 Sunniside.
4507 Sunda.
4508 Susan Crisp.
4520 Swea.
4528 Syllerie.
4537 Tampico.
4569 Teasdale.
4578 Thainston.
4608 Tinamara.
4619 Tom Cringle.
4632 Trinacria.
4671 Tuscany.
4678 Twee Gebroeders.
4685 Tyneside.
4691 Varna.
4702 Veloz.
4712 Viewforth.
4725 Voluna.
4732 Vriendschap.
4736 V. Johanna.
4756 Uecker.
4780 Underwood.
4793 Ury.
4798 Useful.
4809 Uxbridge.
4815 Waterhen.
4837 Westa.
4860 Wheaton.
4869 Wietziena.
4870 Wild Irish Girl.
4871 William IV.
4872 Willem de Erst.
4876 Wilmot.
4915 Wood Cot.
4916 Woolsington.
4926 Wray.
4931 Wynyard.
4936 Xarifa.
4951 Yare.
4956 Yeoman.
4960 Young.
4961 » Queen.
4967 Zante.
4971 Zebina.
4975 Zior.
4978 Zemanshoop.
4980 Zoe.
4983 Zufriedenheit.

QUATRIÈME PARTIE.

PHRASES.

AVIS ESSENTIEL. — *Une Table raisonnée se trouve à la fin de cette partie.—Elle indique, par ordre alphabétique, le mot principal des phrases les plus analogues aux communications qu'on désirerait faire.—Il est important de se bien pénétrer des ressources qu'offre la* PARTIE IV, EN LA PARCOURANT AUX MOMENS DE LOISIR. — *On évitera ainsi très-souvent d'avoir à recourir aux Vocabulaires* (*Parties* V *et* VI), *afin de composer une phrase à l'aide d'un grand nombre de signaux, lorsque la communication à faire se trouverait peut-être sous la main, en se donnant la peine seulement de consulter la Table avant de la signaler.*

POINT DE PAVILLON DISTINCTIF.

On hissera seulement les signaux où ils seront le mieux en vue.

1 Tribord.
2 Babord.
3 Ferme, droit.
4 Serrez le vent tribord, amures.
5 Serrez le vent, babord amures.
6 Virez vent devant, s'il est possible.
7 Virez vent arrière.
8 Arrivez vent arrière.
9 Brassez tout à culer.
10 Gouvernez à l'aire de vent du compas qu'on va signaler.
12 Mettez en panne, tribord amures.
13 Mettez en panne, babord amures.
14 Laissez tomber l'ancre.
15 Coupez *ou* filez vos cables.
16 Essayez de virer vent devant en jetant une ancre.
17 Il y a place pour virer vent arrière.
18 Vous devez faire plus de voile.
19 Restez à l'ancre s'il est possible.
20 Si vous êtes obligé de faire côte, échouez-vous où il y a du monde rassemblé, *ou* à l'endroit où l'on fait des signes, *ou bien* à l'aire de vent signalée.
21 Tâchez d'envoyer une ligne à terre, à l'aide d'une barrique *ou* d'un cerf-volant.
23 On va vous porter secours.
24 Restez à bord, on va vous envoyer un bateau de pilote *ou* de sauvetage.
25 Gardez-vous de quitter le navire, c'est la seule chance que vous ayez de vous sauver.
26 Je ne puis.
27 Si je puis.
28 Pouvez-vous ?
29 Je le puis.
30 Quand pourrez-vous?
31 Quand je pourrai.
32 Que faites-vous ?
34 Pouvez-vous prendre un passager, *ou* le nombre de passagers signalé ?
35 Je puis recevoir un passager, *ou* le nombre de passagers signalé.
36 Je ne puis recevoir plus de passagers que le nombre signalé.
37 Savez-vous quelque chose du bâtiment dont on met le numéro ou que l'on signale avec le télégraphe ?
38 Je ne sais rien du bâtiment *id*.
39 J'ai eu de bonnes nouvelles du *id*.
40 J'ai eu de fâcheuses nouvelles du *id*.
41 Le croyez-vous exact ?
42 Cela est très-exact.
43 Cela n'est pas exact.
45 Voulez-vous transmettre ce que je vais vous communiquer par le télégraphe au bâtiment dont voici le numéro, *ou* à la personne dont je vais signaler le nom par le télégraphe ?
46 Préparez-vous au combat.
47 Je ne suis pas en état de combattre.
48 Commencerai-je l'action ?
49 Je suis tellement maltraité qu'il faut que je cesse de combattre.
50 Pouvez-vous renouveler le combat ?
51 Le combat est terminé avec peu de perte de notre côté.
52 L'action est terminée avec une perte considérable.
53 Commencez l'action.
54 Renouvelez l'action.
56 Qui est l'amiral de cette station ?
57 L'amiral ordonne de—.
58 On vous demande au bureau de l'amiral *ou* du chef militaire du port.
59 Que conseillez-vous ?
60 Je vous conseille—.
61 Qui est l'agent de votre vaisseau, *ou* de celui qui est signalé, *ou bien* dont il est question ?
62 Quel est l'agent de Lloyds ?
63 Depuis quel temps ?
64 Il n'y a pas long-temps.

POINT DE PAVILLON DISTINCTIF.

On hissera seulement les signaux où ils seront le mieux en vue.

65 Il y a quelque temps.
67 Allez en avant.
68 Lui, *ou* le vaisseau signalé est en avant.
69 Je n'ai plus, *ou* le vaisseau signalé n'a plus, de munitions de guerre.
70 Nous n'avons presque plus de munitions de guerre.
71 Envoyez-moi tout de suite une ancre et un cable, *ou* envoyez-en au vaisseau signalé. (*Signal de correspondance avec l'agent de Lloyds.*)
72 Je jetterai l'ancre.
73 Jetterez-vous l'ancre ?
74 Je jetterai l'ancre si je puis.
75 Ne mouillez pas, il y a du danger.
76 Quand vous serez à l'ancre.
78 Quand vous aurez mouillé, *ou bien* quand les vaisseaux signalés *ou* en question auront mouillé.
79 Les vaisseaux signalés ont mouillé.
80 Quand les vaisseaux signalés auront mouillé.
81 Je ne puis, *ou* les vaisseaux signalés, *ou* en question, ne peuvent lever l'ancre sans secours.
82 Je n'ai plus, *ou* les vaisseaux signalés, *ou* en question, n'ont plus qu'une ancre.
83 Je n'ai plus d'ancre, *ou* les vaisseaux signalés *ou* en question, n'en ont plus.
84 Connaissez-vous le mouillage ?
85 Je connais le mouillage, *ou* les vaisseaux signalés, *ou* en question, le connaissent.
86 Ni moi, ni les vaisseaux signalés, *ou* en question, n'ont connaissance du mouillage.
87 Le mouillage est bon.
89 Le mouillage n'est pas bon.
90 Avez-vous trouvé un mouillage ?
91 Je n'ai pas trouvé de mouillage.
92 J'ai trouvé un mouillage par le nombre de brasses signalé.
93 Le mouillage n'est pas bon si le vent souffle de l'aire de vent signalée.
94 Le mouillage est sûr tant que le vent souffle de l'aire de vent signalée.
95 Je n'ai pas eu de réponse.
96 J'ai eu une réponse.
97 Répondez.
98 Vous a-t-on répondu ?
102 Lui, *ou* les vaisseaux signalés, n'ont point eu de réponse.
103 Avez-vous, *ou* les vaisseaux signalés, *ou* en question ont-ils quelque chose pour moi, les personnes ou les vaisseaux signalés ?
104 Y a-t-il quelque chose pour moi, *ou* pour les personnes *ou* les vaisseaux signalés ?
105 Quelle apparence a-t-il ?
106 Êtes-vous satisfait des apparences ?
107 Les apparences sont satisfaisantes.
108 Les apparences ne sont pas satisfaisantes.
109 Donnez-vous votre approbation.
120 Lui, elle, ou eux, *ou* les personnes dont le nom est signalé, approuvent-ils ?
123 J'approuve cela, *ou* j'approuve.
124 Je n'approuve pas cela.
125 Lui, elle ou eux, *ou* les personnes signalées, approuvent cela, *ou* approuvent.
126 Lui, elle, ou eux, *ou* les personnes signalées n'approuvent pas cela, *ou* n'approuvent.
127 C'est un vaisseau armé en guerre.
128 Je suis bien armé.
129 Je ne suis pas armé.
130 Il a l'air d'être armé.
132 Il n'a pas l'air d'être armé.
134 J'arrivai, *ou bien* le vaisseau signalé, *ou bien* en question, arriva.
135 Il est arrivé, *ou* le vaisseau signalé, *ou bien* en question, est arrivé.
136 Il n'est pas arrivé, *ou* le vaisseau signalé, *ou bien* en question, n'est pas arrivé.
137 Lui, *ou* le vaisseau signalé, n'était pas arrivé quand je suis parti.
138 Lui, *ou* le vaisseau signalé, était arrivé devant le port signalé.
139 Y a-t-il quelque vaisseau arrivé de—. *lieu signalé?*
140 Quelle a été la dernière arrivée ?
142 Le vaisseau signalé était attendu.
143 Un vaisseau venait d'arriver.
145 Avez-vous appris l'arrivée du,— *vaisseau signalé?*
146 Lui, *ou* le vaisseau signalé est arrivé.
147 Lui, *ou* le vaisseau signalé n'était pas arrivé.
148 Tâchez de vous en assurer.
149 Je n'en suis pas assuré.
150 Je n'ai pu m'en assurer.
152 Ne pourriez-vous pas vous en assurer ?
153 Je vais aller à terre.
154 Je n'irai pas à terre dans ce port.

POINT DE PAVILLON DISTINCTIF.

On hissera seulement les signaux où ils seront le mieux en vue.

156 Il y a du danger à aller à terre.
157 Allez-vous à terre?
158 Si vous allez à terre, je voudrais vous accompagner.
159 J'irai à terre, et vous y passerai.
160 Enverrez-vous à terre?
162 Je vais envoyer à terre.
163 Avez-vous envoyé à terre?
164 Le second est à terre.
165 Je ne puis aller à terre.
167 Le canot est à terre.
168 Le vaisseau signalé est échoué.
169 Je suis échoué.
170 Vous échouerez si vous continuez.
172 Il s'échouera si vous continuez.
173 Vous êtes trop près de terre.
174 Tenez-vous plus loin de terre.
175 Mettez le cap au large.
176 Je vous verrai à terre.
178 Voulez-vous que nous vous donnions rendez-vous à terre?
179 Il se tient au large.
180 Je me tiendrai au large toute la nuit.
182 Je me tiendrai au large jusqu'à l'heure.
183 Je demande, *ou* le vaisseau signalé demande de prompts secours.
184 Pouvez-vous me donner du secours, *ou* au vaisseau signalé?
185 Avez-vous, *ou* le vaisseau signalé a-t-il, besoin de secours?
186 Si je ne reçois pas, *ou* si le vaisseau signalé ne reçoit pas, immédiatement du secours.
187 Si je reçois, *ou* si le vaisseau signalé reçoit, immédiatement du secours.
189 Je ne puis vous secourir, *ou* secourir le vaisseau signalé, *ou bien* dont il est question.
190 Pouvez-vous me donner du secours, *ou* au vaisseau signalé *ou bien* dont il est question?
192 De quel genre de secours avez-vous besoin, *ou* le vaisseau signalé, *ou bien* dont il est question?
193 Restez plus en arrière.
194 Le vaisseau signalé, *ou* dont il est question, se trouve de l'arrière.
195 J'ai été attaqué, *ou* le vaisseau signalé, *ou bien* dont il est question, a été attaqué, par un corsaire ennemi.
196 Avez-vous été attaqué, *ou* le vaisseau signalé, *ou bien* dont il est question, a-t-il été attaqué?
197 Ferai-je une autre tentative?
198 Je ferai une autre tentative.
201 Je ferai la tentative.
203 Ferez-vous la tentative?
204 J'ai fait la tentative, *ou* le vaisseau signalé, *ou bien* dont il est question a fait la tentative, mais sans succès.
205 Vous ne faites pas attention, *ou* le vaisseau signalé ne fait pas attention.
206 J'en suis prévenu.
207 En êtes-vous prévenu, *ou* instruit, *ou bien* connaissez-vous?
208 Je n'en étais pas prévenu, *ou* instruit, *ou* je ne connaissais pas.
209 Arrivez davantage.
213 Le vaisseau signalé, *ou* dont il est question, laisse arriver.
214 J'arriverai davantage.
215 Pourquoi arrivez-vous tant?
216 J'ai, *ou* le vaisseau signalé, *ou bien* en question, a eu des brises folles.
217 Avez-vous eu, *ou* le vaisseau signalé, *ou* en question a-t-il eu, des brises folles?
218 Il y a un banc à l'aire de vent du compas signalée.
219 Vous serez, *ou* le vaisseau signalé sera, sur le banc, si la route n'est pas changée.
230 La barre est dangereuse.
231 La barre n'est pas dangereuse.
234 On ne peut passer la barre qu'à la mer haute.
235 On ne peut passer la barre de basse mer.
236 C'est un port de barre.
237 Le baromètre a monté.
238 Le baromètre a baissé.
239 Le baromètre monte-t-il ou descend-il?
240 Le baromètre est stationnaire.
241 Le baromètre annonce du mauvais temps.
243 Le baromètre annonce du beau temps.
245 Avez-vous un baromètre?
246 Je n'ai pas de baromètre.
247 Y a-t-il ici, *ou* dans le lieu signalé, un bon endroit pour faire de l'eau?
248 Il n'y a pas sur ce rivage, *ou* cette plage, d'endroit pour faire de l'eau.
249 Le rivage, *ou* cette plage, est bon pour faire de l'eau.
250 Le débarquement est difficile sur le rivage, *ou* la plage.
251 Le vaisseau est un peu de l'avant.
253 Le vaisseau est par le travers.

POINT DE PAVILLON DISTINCTIF.

On hissera seulement les signaux où ils seront le mieux en vue.

254 Le vaisseau est un peu de l'arrière.
256 Dans quelle aire de vent reste le vaisseau, *ou* le lieu signalé ?
257 Dans quelle aire de vent restait le vaisseau, *ou* le lieu signalé ?
258 Je laisserai arriver vent arrière.
259 Vous ferez mieux d'arriver vent arrière.
260 Lui, *ou* le vaisseau signalé, est arrivé vent arrière.
261 A quelle aire de vent, à quelle distance, votre estime vous place-t-elle du lieu signalé ?
263 Le lieu *ou* le vaisseau vous reste, à l'aire de vent du compas signalée.
264 Où vous restait le lieu, *ou* le vaisseau, quand vous l'avez vu pour la dernière fois ?
265 Quand je l'ai vu pour la dernière fois, il restait à l'aire de vent signalée.
267 Le vaisseau, *ou* le lieu signalé, nous reste à l'aire de vent signalée,
268 Il est probable que nous allons être pris par le calme.
269 Le calme est dangereux sur cette côte.
270 Je suis en calme, *ou* le vaisseau signalé est en calme; le courant porte à terre, envoyez des embarcations pour en éloigner à la remorque.
271 Peut-on avoir de la viande fraîche ?
273 On peut avoir de la viande fraîche.
274 A quel port appartenez-vous ?
275 A quel port appartient-il ?
276 Je suis du lieu signalé.
278 Il est du lieu signalé.
279 Le vaisseau signalé, *ou* dont il est question, est-il crevé, *ou* êtes-vous crevé?
280 Il est, *ou* je suis crevé.
281 Il n'est pas, *ou* je ne suis pas crevé.
283 Je vous conduirai au meilleur mouillage.
284 Vous êtes à présent dans un bon mouillage.
285 Le meilleur mouillage reste à l'aire de vent du compas signalée.
286 L'ancrage est-il bon où je suis ?
287 Je crois qu'il va venter.
289 Il vente trop fort.
290 Il a venté trop fort.
291 S'il vente fort.
293 S'il ne vente pas trop fort.
294 Si le vent continue de souffler de l'aire de vent signalée.
295 Si le vent vient de souffler de l'aire de vent signalée.
296 Voulez-vous venir à bord ?
297 Je vais me rendre à bord.
298 J'ai communiqué, *ou* le navire signalé a communiqué avec le vaisseau désigné.
301 Avez-vous communiqué avec quelqu'un ?
302 J'ai été abordé, *ou* le vaisseau a été abordé par le vaisseau indiqué.
304 Envoyez-moi une embarcation.
305 Je vais envoyer une embarcation à bord.
306 Je n'ai pas d'embarcation à bord.
307 Passez de l'avant et filez l'amure de votre canot, il pourra m'aborder lorsqu'il se trouvera le long du bord.
308 Envoyez des embarcations pour me secourir, *ou* secourir le navire signalé.
309 Envoyez, sans perdre de temps, des embarcations pour me remorquer, *ou* remorquer le navire signalé.
310 Envoyez sur-le-champ des embarcations avec des haussières.
312 Quel fond avez-vous ?
314 J'ai trouvé le fond signalé.
315 Point de fond.
316 Fond de rochers.
317 Fond de sable et de coquilles.
318 Fond de cailloux.
319 Fond propre au mouillage.
320 Fond qui n'est pas propre au mouillage.
321 Quelle est votre destination ?
324 Ma destination est d'aller au port dont il s'agit, *ou* que je signale.
325 Quelle est la destination du vaisseau signalé ?
326 Par le bossoir du vent.
327 Par le bossoir de dessous le vent.
328 Par le bossoir de tribord.
329 Par le bossoir de babord
340 Quand la brise commencera.
341 Quand la brise cessera.
342 La brise fraîchera.
345 La brise va cesser.
346 Le vaisseau est un brick.
347 Apportez avec vous, *ou* à bord, ce qui est indiqué.
348 Je ne puis filer plus de cable.
349 Filez plus de cable.
350 Rentrez du cable au cabestan, *ou* autrement.
351 Je suis obligé de couper mon cable, draguez-le après mon départ.

POINT DE PAVILLON DISTINCTIF.

On hissera seulement les signaux où ils seront le mieux en vue.

352 Je suis obligé de filer mon cable, et je laisserai une bouée sur le bout.
354 Nous allons avoir du calme.
356 Le calme domine.
357 Quel est votre calcul ?
358 Le capitaine est-il à bord ?
359 Le capitaine n'est pas à bord.
360 Le vaisseau indiqué a été pris par l'ennemi.
361 Avez-vous fait, *ou* le navire signalé a-t-il fait quelques prises?
362 En quoi consiste votre cargaison, *ou* celle du vaisseau signalé ?
364 La cargaison consiste dans les articles signalés.
365 La cargaison est avariée.
367 La cargaison est très-avariée.
368 Je n'ai, *ou* le navire signalé *ou bien* dont il est question, n'a que des caronades.
369 Je n'ai, *ou* le navire signalé *ou bien* dont il est question, n'a pas de caronades.
370 J'ai, *ou* le navire signalé *ou bien* dont il est question, a tant de caronades.
371 Je connais, *ou* le navire signalé connaît, le chenal.
372 Connaissez-vous, *ou* le navire signalé connaît-il, le chenal ?
374 Voulez-vous me conduire dans le chenal ?
375 Le navire signalé est arrivé dans le chenal.
376 Avez-vous une carte de la côte *ou* du lieu signalé ?
378 Pouvez-vous me prêter une carte de —*id.*—?
379 Un ou plusieurs vaisseaux nous donnent chasse.
380 J'ai été chassé par un corsaire.
381 Donnerons-nous chasse ?
382 Je vais donner chasse.
384 Le navire qui chasse est une voile amie.
385 Le navire qui chasse est un ennemi.
386 Ma longitude par le chronomètre est de — *Numéro de degrés et de minutes signalé.*
387 Quelle est votre longitude par le chronomètre ?
389 Je n'ai pas de chronomètre.
390 Avez-vous un chronomètre ?
391 Je me tiendrai près de vous pendant la nuit.
392 Voulez-vous vous tenir près de moi pendant la nuit ?
394 Je connais la côte.
395 Je ne connais pas la côte.
396 Connaissez-vous, *ou* le navire signalé connaît-il, la côte ?
397 La côte est dangereuse.
398 La côte n'est pas dangereuse.
401 Le navire que l'on a vu, *ou* à qui l'on a parlé, est un caboteur.
402 Quel pavillon hisserons-nous ?
403 Le navire a hissé le pavillon de la nation signalée.
405 Le navire vient du lieu signalé.
406 D'où venez-vous ?
407 Je viens du lieu signalé.
408 Avez-vous quelque ordre à me donner ?
409 Je n'ai point d'ordre à vous donner.
410 Par qui est-il commandé ?
412 Qui commande en chef dans le lieu signalé ?
413 Avez-vous eu quelque communication avec la terre ?
415 Avez-vous eu des communications avec quelque vaisseau ?
416 Vous feriez mieux de ne pas communiquer avec la terre.
417 Irons-nous de compagnie ?
418 Je vais me séparer *ou* vous quitter.
419 Quand vous êtes-vous séparés ?
420 A quelle aire de vent du compas comptez-vous gouverner ?
421 Quand aurez-vous, *ou* le vaisseau signalé aura-t-il, complété votre *ou* son chargement ?
423 J'aurai complété mon chargement dans le temps signalé.
425 Je ne comprends pas ce que vous me communiquez.
426 Comprenez-vous ce que je veux dire ?
427 Cela est sans conséquence.
428 Cela est très-important.
429 A qui êtes-vous consigné ?
430 Je suis consigné à la personne, *ou* à la maison, signalée.
431 A la première occasion favorable.
432 Conviendra-t-il, *ou* l'occasion sera-t-elle favorable ?
435 Je suis du convoi de—.
436 Je suis séparé de mon convoi.
437 Le convoi est en avant.
438 Le convoi est de l'arrière,
439 Quelle est la route que fait le vaisseau signalé, *ou* que font les vaisseaux signalés ?
450 Quelle route ferez-vous cette nuit ?

POINT DE PAVILLON DISTINCTIF.

On hissera seulement les signaux où ils seront le mieux en vue.

451 Je ferai la même route pendant toute la nuit.
452 Je changerai de route à l'heure indiquée, et je gouvernerai à l'aire de vent signalée.
453 Le vaisseau a changé de route.
456 Le courant porte du côté du lieu indiqué, *ou* à l'aire de vent signalée.
457 La vitesse du courant est de— *numéro de nœuds signalé.*
458 Le courant porte à la terre.
459 Le courant porte au large.
460 Le vaisseau est un côtre.
461 Avez-vous, *ou* le vaisseau signalé a-t-il, éprouvé beaucoup de dommage?
462 Je n'ai pas éprouvé, *ou* le vaisseau signalé n'a pas éprouvé beaucoup de dommage.
463 Cela est très-dangereux.
465 Il n'y a point de danger.
467 Il y a quelque danger.
468 Avant la nuit close.
469 Après la nuit close.
470 Quelle est la date de votre dernier papier, *ou* de votre dernière lettre?
471 Depuis combien de jours êtes-vous dehors?
472 Je suis dehors depuis— *le nombre de* jours signalé.
473 Il était dehors depuis — le nombre de *jours signalé.*
475 Quelle profondeur d'eau avez-vous?
476 La profondeur de l'eau est trop grande pour ancrer.
478 J'ai pris nouvellement un point de partance.
479 De quel lieu avez-vous votre dernier point de partance?
480 Avez-vous pris récemment un point de partance?
481 Je ne puis m'arrêter, *ou* je ne puis être détenu.
482 Je ne vous retiendrai pas pendant long-temps.
483 Le vaisseau signalé a été retenu par le vaisseau, l'événement, *ou* le motif, signalé?
485 Il y a peu *ou* point de différence dans notre estime.
486 Il y a une grande différence dans notre estime.
487 Voulez-vous dîner avec moi?
489 Il y a une maladie contagieuse au lieu signalé.
490 J'ai une maladie contagieuse à bord.
491 Il a eu, *ou* il a, une maladie contagieuse à son bord.
492 Le vaisseau aperçu *ou* signalé, a perdu tous ses mâts.
493 Le vaisseau aperçu, *ou* signalé, a perdu ses mâts de hune.
495 A quelle distance se trouve le lieu, *ou* le vaisseau signalé?
496 Je suis en détresse.
497 Je suis dans une grande détresse, je demande de prompts secours.
498 En quoi consiste votre détresse?
501 Le navire en détresse reste à l'aire de vent signalé?
502 On a mis un embargo au lieu signalé.
503 L'embargo a été levé au lieu signalé.
504 Le bâtiment en vue est un ennemi.
506 Si vous veniez à rencontrer.
507 Si je viens à rencontrer.
508 Combien de brasses?
509 Si le temps est favorable.
510 Si le temps n'est pas favorable.
512 J'ai soutenu, *ou* le vaisseau signalé a soutenu, le feu d'un corsaire en prenant chasse.
513 On entend le bruit du canon dans la partie de l'horizon signalée.
514 On a entendu le bruit du canon *id.*
516 L'on prend ici beaucoup de poisson.
517 Combien de poisson avez-vous pris?
518 La pêche a-t-elle été abondante pendant cette saison?
519 La saison a été bonne pour la pêche.
520 La saison a été mauvaise pour la pêche.
521 Je ne puis distinguer son pavillon, *ou* son signal.
523 Pouvez-vous distinguer son pavillon, *ou* son signal?
524 La brume va nous envelopper.
526 La brume a été si épaisse qu'il a été impossible de faire des observations.
527 Avez-vous été heureux?
528 J'ai été heureux.
529 Je n'ai pas été heureux.
530 Le vaisseau court grand largue.
531 Le vaisseau est une frégate.
532 On trouve à terre du fruit et des légumes.
534 On ne trouve à terre ni fruits ni légumes.
536 J'ai essuyé un coup de vent de l'aire de vent signalée.
537 Un coup de vent va se déclarer de l'aire de vent signalée.

POINT DE PAVILLON DISTINCTIF.

On hissera seulement les signaux où ils seront le mieux en vue.

538 Si un coup de vent se déclare de l'aire de vent signalée.
539 Combien portez-vous de canons ?
540 Je n'ai pas de longs canons.
541 J'ai le N° signalé de longs canons.
542 Mes boulets ne pourront pas atteindre
543 J'ai été obligé de jeter mes canons à la mer.
546 Le vaisseau est à portée de canon.
547 Il n'est pas à portée de canon.
548 Passez à portée de la voix.
549 Je passerai à portée de la voix.
560 A quelle aire de vent le port reste-t-il ?
561 Pouvez-vous faire entrer vos vaisseaux dans ce port ?
562 Avez-vous jamais été dans le port ?
563 Le port est bon.
564 Le port est mauvais.
567 Le port est mauvais par des vents de l'aire de vent signalée.
568 Le vaisseau serre le vent.
569 Le vaisseau est venu au plus près du vent.
570 Je me tiendrai au plus près toute la nuit.
571 Êtes-vous en bonne santé ?
572 Nous sommes en parfaite santé.
573 Nous avons des malades, *ou* le navire signalé en a.
574 Avez-vous entendu parler de la chose, des personnes, *ou* des vaisseaux signalés ?
576 Je n'ai pas entendu parler de *id. id.*
578 On n'a plus entendu parler du vaisseau signalé.
579 Je suis à pic de mon ancre.
580 Je ne puis pas déraper.
581 Voulez-vous mettre en panne ?
582 Je resterai en panne pendant toute la nuit.
583 Mettez en panne, et j'enverrai un canot à votre bord.
584 Je mettrai en panne à l'heure de la nuit signalée.
586 Nous conservons notre distance à l'égard du vaisseau qui nous chasse.
587 Pouvez-vous distinguer le signal du vaisseau désigné ?
589 Destiné à faire son retour.
590 Les hostilités ont commencé entre les nations signalées.
591 A quelle heure ?
592 Comment vous portez-vous ?
593 Est-il, *ou* le vaisseau signalé est-il très-maltraité ?
594 Il est fort maltraité.
596 Il n'est pas très-maltraité.
597 On m'a pris partie de mon équipage, je n'ai plus assez de monde.
598 J'ai quelque chose à vous communiquer.
601 J'ai quelque chose d'important à vous communiquer.
602 On n'a rien appris du vaisseau avec lequel on a communiqué.
603 Je me tiendrai près de vous pendant la nuit.
604 Voulez-vous rester près de moi pendant la nuit ?
605 Savez-vous quelque chose de ce qui est, *ou* va être signalé ?
607 Je n'ai aucune connaissance de ce qui est signalé.
608 Quels sont les objets de remarque *ou* amers pour se diriger *ou* pour mouiller ?
609 On voit la terre à l'aire de vent signalée.
610 Essaierez-vous de reconnaître la terre cette nuit ?
612 J'essaierai à reconnaître la terre cette nuit.
613 Je n'essaierai pas à reconnaître la terre cette nuit, je mettrai en panne à l'heure signalée.
614 Le vaisseau a les amures à bord.
615 Quelle était votre latitude aujourd'hui à midi ?
617 La latitude estimée est du nombre de degrés et minutes signalés.
618 La latitude observée est *id. id. id.*
619 La latitude par deux hauteurs est *id.*
620 Une voie d'eau s'est déclarée.
621 Faites-vous beaucoup d'eau ?
623 La voie d'eau augmente et devient dangereuse.
624 La voie d'eau est bouchée.
625 Quand avez-vous quitté le port signalé ?
627 J'ai quitté le port désigné depuis le nombre de jours signalé.
628 Quels bâtimens avez-vous laissés dans le port ?
629 J'ai laissé dans le port désigné les vaisseaux que je vais signaler.
630 Nous sommes sous le vent du port.
631 Le port nous reste par le bossoir de dessous le vent.
632 Tenez-vous sous le vent.
634 Avez-vous des lettres pour moi ?
635 Avez-vous des lettres pour l'Angleterre ?

POINT DE PAVILLON DISTINCTIF.

On hissera seulement les signaux où ils seront le mieux en vue.

637 Avez-vous des lettres dont je puisse me charger ?
638 Envoyez chercher vos lettres ?
639 Voulez-vous prendre nos lettres pour l'Angleterre *ou* autre lieu signalé ?
640 Voulez-vous prendre une lettre pour moi ?
641 Voulez-vous me faire connaître votre longitude et latitude ?
642 Quelle est votre longitude ?
643 Ma longitude estimée est du nombre de degrés et minutes signalés.
645 La longitude par chronomètre est *id.*
647 La longitude par les distances est *id.*
648 Veillez bien pour découvrir la terre.
649 Quelle est son apparence ?
650 Quelle terre vous paraît devoir être celle qui vient d'être aperçue ?
651 Le grand mât est endommagé, *ou* a consenti.
652 Le mât de misaine est très-endommagé, *ou* a consenti.
653 Pouvez-vous distinguer quelle est la voile inconnue ?
654 Le vaisseau *ou* les vaisseaux sont de guerre.
657 Quels bâtimens de guerre avez-vous laissés dans le port ?
658 Avez-vous parlé *ou* communiqué avec quelque vaisseau de guerre ?
659 Le vaisseau appartient *ou* les vaisseaux appartiennent à la compagnie des Indes.
670 Je n'ai pas assez de monde.
671 J'ai un bon équipage.
672 Avez-vous un bon équipage ?
673 Qu'est-ce qu'il y a ?
674 Cela ne fait rien.
675 Le vaisseau aperçu est un bâtiment marchand.
678 Affourcherez-vous ?
679 J'affourcherai.
680 Je n'affourcherai pas.
681 On n'est en sûreté ici que lorsqu'on est affourché.
682 Il n'est pas nécessaire.
683 S'il est nécessaire. —
684 Savez-vous quelques nouvelles ?
685 Je ne sais rien de nouveau.
687 J'ai des papiers publics jusqu'au jour signalé.
689 Avez-vous des papiers publics d'une date récente ?
690 Pouvez-vous me prêter vos papiers publics ?
691 Le vaisseau a-t-il montré son numéro ?
692 Quel était le numéro signalé ?
693 Répétez le numéro du signal qui a été fait, comme il a été indiqué.
694 Quel nombre *ou* quelle quantité avez-vous de — ?
695 Je n'ai pas d'objection à faire.
697 Avez-vous quelque objection à faire ?
698 Pouvez-vous me prêter — ?
701 Je vous serai très-obligé.
702 Avez-vous pris hauteur ?
703 Je n'ai pas pu prendre hauteur.
704 Le mauvais temps m'a empêché de faire des observations depuis le nombre de jours signalé.
705 Je n'ai pas occasion de —.
706 Avez-vous occasion de — ?
708 Le vaisseau s'est sauvé *ou* retiré.
709 Le vaisseau ne peut se sauver *ou* se retirer.
710 Je me tiendrai sur les bords.
712 Je me tiendrai sur les bords pendant toute la nuit.
713 Il y a un vaisseau au large.
714 Il se présente une occasion d'envoyer des lettres en Angleterre.
715 Il se présente une occasion d'envoyer des lettres au lieu signalé.
716 A la première occasion favorable.
718 Y a-t-il une occasion ?
719 Le paquebot est arrivé.
720 Le paquebot n'est pas arrivé.
721 Le paquebot est-il arrivé ?
723 Le paquebot était-il arrivé quand vous êtes parti du lieu signalé ?
724 Le paquebot partira le jour signalé.
725 Le paquebot est-il parti ?
726 Je crains d'aller en dérive, *ou* de chasser sur mes ancres.
728 Le vaisseau signalé est en dérive, *ou* chasse sur ses ancres.
729 Je suis en dérive, *ou* je chasse sur mes ancres, draguez mon ancre quand je serai parti.
730 Je me suis séparé du vaisseau signalé.
731 Je me suis séparé pendant la nuit.
732 Quand vous êtes-vous séparés ?
734 Une très-belle traversée.
735 Une longue traversée.
736 Les passagers sont tous bien portans.
738 Plein de passagers.
739 La paix est faite entre les nations signalées.
740 On s'attend que la paix se fera entre les nations signalées.

POINT DE PAVILLON DISTINTIF.

On hissera seulement les signaux où ils seront le mieux en vue.

741 Envoyez-moi un pilote de la terre.
742 Je vous enverrai un pilote.
743 Je n'ai pas de pilote.
745 La peste s'est déclarée au lieu signalé.
746 La peste a-t-elle cessé au lieu signalé?
748 Les vaisseaux signalés sont entrés dans le port.
749 Le vaisseau signalé entre dans le port.
750 Entrez-vous dans le port ?
751 Je vais dans le port.
752 Quel port ?
753 Allez prendre des lettres à la poste.
754 Voulez-vous porter quelques lettres à la poste pour moi ?
756 Voulez-vous vous charger de mes lettres ?
758 Par la poste de demain.
759 Par la poste de ce jour.
760 Par la poste d'hier.
761 La poudre est endommagée.
762 Croyez-vous que cela soit praticable ?
763 Je ne le crois pas praticable.
764 Cela est praticable.
765 Il est très-probable.
768 Il n'est pas probable.
769 Le vaisseau signalé est en quarantaine.
780 On vous mettra en quarantaine.
781 Me mettra-t-on en quarantaine.
782 De combien est la quarantaine ?
783 De quel rang est-il, *ou* quelle est sa force ?
784 Je désire essayer la marche.
785 Je suis prêt à mettre à la voile.
786 Les vaisseaux signalés sont prêts à mettre à la voile.
789 Serez-vous prêts à mettre à la voile le jour, *ou* à l'heure signalée.
790 Quand serez-vous prêts à mettre à la voile ?
791 Quelle est la raison ?
792 Je prendrai tous les ris.
793 Je prendrai des ris dans les basses voiles.
794 Où sera notre rendez-vous ?
795 Notre rendez-vous sera au lieu signalé.
796 A quelle époque, *ou* quand serons-nous au rendez-vous ?
798 Je ne puis réparer mes avaries en mer.
801 Je puis réparer mes avaries en mer.
802 Répétez le signal, il n'a pas été compris.
803 Quand vous reviendrez.
804 Je reviendrai dans le temps signalé.
805 Quand je reviendrai.
806 Quand reviendrez-vous ?
807 Le vaisseau signalé n'était pas gréé.
809 Le vaisseau signalé était gréé.
810 Je sera complètement gréé le jour si-signalé.
812 Quand serez-vous complètement gréé?
813 Rochers de l'avant.
814 Rochers par le bossoir de babord.
815 Rochers par le bossoir de tribord.
816 Rochers à l'aire de vent signalée.
817 Vous êtes trop près des rochers.
819 Tenez-vous près des rochers.
820 Le vaisseau signalé est sur les rochers.
821 Le gouvernail est endommagé.
823 J'ai perdu mon gouvernail.
824 Le vaisseau signalé a perdu son gouvernail.
825 Vous devez faire plus de voiles.
826 Le vaisseau aperçu est toutes voiles dehors.
827 Tenez-vous sous une voilure maniable pendant la nuit.
829 Je suis si impatient d'arriver dans le port, que je forcerai de voile pendant toute la nuit pour faire le plus de chemin que je pourrai.
830 Je me tiendrai sous une voilure maniable.
831 Quand avez-vous mis à la voile , *ou* quand le vaisseau signalé a-t-il mis à la voile ?
832 Quand comptez-vous mettre à la voile?
834 Diminuez de voile.
835 Je ne puis pas porter de voiles, mes mâts et mes vergues sont endommagés.
836 Une voile étrangère à l'aire de vent signalée.
837 Personne n'a été sauvé.
839 Quand la mer baissera.
840 Avez-vous vu un *ou* plusieurs vaisseaux depuis votre départ ?
841 Je n'en ai pas vu.
842 N'avez-vous pas vu ?
843 Vous enverrez au lieu signalé pour prendre, *ou* dire, *ou* faire la chose signalée.
845 Envoyez immédiatement.
846 Envoyez à bord pour ce qui va être signalé.
847 Envoyez à terre pour ce qui va être signalé.

POINT DE PAVILLON DISTINCTIF.

On hissera seulement les signaux où ils seront le mieux en vue.

849 Voulez-vous envoyer pour prendre, dire, *ou* faire cela, *ou* bien pour venir chercher la personne désignée.
850 J'enverrai pour prendre, *id. id.*
851 Y a t-il un abri ?
852 Il y a un bon abri.
853 Le vent va changer.
854 Quel est ce vaisseau ?
856 Le vaisseau aperçu est un vaisseau de ligne.
857 Le vaisseau a touché sur un bas-fond.
859 Il y a peu d'eau.
860 Il y a de l'eau.
861 Il y a un bas-fond de l'avant, *ou* à l'aire de vent signalée.
862 Avez-vous beaucoup de malades à votre bord ?
863 J'ai le nombre de malades signalé.
864 La maladie est-elle contagieuse ?
865 Quelle est la maladie qui domine ?
867 J'ai perdu le vaisseau de vue.
869 Une voile étrangère est en vue.
870 Restez en vue.
871 Ne me perdez pas de vue pendant la nuit.
872 Je ne vous perdrai pas de vue pendant toute la nuit.
873 Le signal qui a été fait n'a pas été compris.
874 Le vaisseau signalé, *ou* dont il s'agit, n'a pas de signaux.
875 Le navire aperçu est une corvette.
876 Je crois que nous aurons de la neige.
879 Quel brassage, *ou* quel fond avez-vous ?
890 J'ai trouvé fond.
891 Avez-vous sondé ?
892 Je désire vous parler.
893 Lui avez-vous parlé ?
894 Je ne lui ai pas parlé.
895 Quelle route fait-il ?
896 Il fait route à l'aire de vent signalée.
897 Je resterai à cette route jusqu'au temps, *ou* à l'heure signalée.
901 A quelle aire de vent comptez-vous gouverner pendant la nuit ?
902 Je gouvernerai pendant la nuit à l'aire de vent signalée.
903 Avez-vous assez ?
904 Cela suffira.
905 Je n'ai pas assez.
906 La lame est trop forte pour débarquer.
907 La lame n'est pas assez forte pour empêcher de débarquer.
908 Le vaisseau signalé, *ou* qui est étranger, a viré vent d'avant.
910 Conservez ces amures.
912 Conservez les autres amures.
913 Je vais virer vent devant.
914 Le flot commence *ou* commencera à l'heure *ou* au temps signalé.
915 Quand la marée changera.
916 Le jusant porte en dehors, et y portera, jusqu'à l'heure signalée.
917 Quand la mer sera-t-elle pleine ?
918 Vous prendrai-je en remorque ?
920 Je ne puis vous prendre à la remorque, *ou* en donner une au vaisseau signalé.
921 Voulez vous me prendre à la remorque, *ou* en donner une au vaisseau signalé ?
923 Les vaisseaux sont des transports.
924 Est-il vrai ?
925 C'est la vérité.
926 Quelle est votre girouette, ou la marque qui vous fait reconnaître ?
927 La girouette, *ou* la marque qui me fait reconnaître, est—(*Montrez-la.*)
928 Les vaisseaux aperçus sont anglais.
930 Les vaisseaux aperçus sont de la nation que je vais signaler par le télégraphe.
931 Je ne puis exécuter le signal.
932 Comprenez vous ?
934 Je comprends.
935 Je ne comprends pas.
936 Comprend-il ?
937 Cela sera inutile.
938 Cela est très-utile.
940 Cela ne servira pas à grande chose.
941 Cela servira-t-il à quelque chose ?
942 Au temps, à l'heure ordinaire.
943 La guerre est déclarée entre les nations signalées.
945 Combien d'eau vous reste-t-il ?
946 Combien d'eau avez-vous ?
947 Y a-t-il beaucoup d'eau ?
948 Je crois que le temps sera—.
950 Que pensez-vous du temps ?
951 Le temps et le vent le permettant.
952 Quand leverez-vous l'ancre ?
953 Je lèverai l'ancre demain matin.
954 Je lèverai l'ancre à l'heure *ou* au temps signalé.
956 J'espère que vous êtes tous bien portans.
957 Tout le monde se porte bien.
958 Je les ai laissés tous en bonne santé.

POINT DE PAVILLON DISTINCTIF.

On hissera seulement les signaux où ils seront le mieux en vue.

960 Votre femme et votre famille étaient bien portantes quand je les ai quittées.
961 J'ai vu votre femme et votre famille le *jour signalé.*
962 Quel vent avez-vous eu ?
963 Nous avons eu des vents — *de l'aire de vent signalée.*
964 Il semble que le vent viendra, de l'aire de vent signalée.
965 Le vaisseau signalé, *ou* en vue, louvoie pour gagner au vent.
967 Avez-vous des femmes à bord.
968 J'ai des femmes à bord.
970 Peut-on se procurer du bois?
971 On peut se procurer du bois.
972 Le vaisseau signalé *ou* en vue est entièrement brisé.
973 Le vaisseau signalé a fait naufrage.
974 J'ai l'intention d'écrire.
975 Ecrirez-vous ?
976 J'ai écrit.
978 Je n'ai pas écrit.
980 Ma vergue de misaine a consenti *ou* est endommagée.
981 Ma grande vergue a consenti *ou* est endommagée.
982 Ma vergue de hunier a consenti *ou* est endommagée.
983 J'ai perdu la vergue de misaine.
984 J'ai perdu la grande vergue.
985 J'ai perdu une vergue de hunier.
986 J'ai perdu le mât de hune que je vais signaler.
987 *J'ai besoin d'un chirurgien, en avez-vous un à bord* (*) ?
1023 Annoncez mes nouvelles à Lloyds *ou bien* au port de votre destination
1024 De quel port ? et où allez-vous?
1025 Quel passage prendrez-vous?
1026 Quelle traversée avez-vous eue ?
1027 Un blocus est établi ici, *ou* à l'endroit indiqué.
1028 Un blocus va être établi ici, *ou* à l'endroit indiqué.
1029 Le blocus va être levé ici, *ou* à l'endroit indiqué.
1032 Vous serez arrêté par les navires de blocus, *id*.
1034 Je connais le port (ou baie) vous pouvez gouverner sur moi.
1035 Depuis combien de jours êtes-vous arrivé ?
1036 Avec quel navire avez-vous communiqué ?
1037 Faites de la toile.
1038 Quand changerez-vous les amures ?
1039 N'allez pas trop loin sur ce bord, des bas-fonds et des rochers s'étendent très-au loin.
1042 Nous ferons mieux sur l'autre bord.
1043 Je montrerai un fanal pendant toute la nuit.
1045 Je montrerai un fanal (à l'endroit que je vais vous indiquer) lorsque nous virerons de bord cette nuit.
1046 Je porterai attention à vos signaux.
1047 Gouvernerons-nous sur l'endroit indiqué ?
1048 Vous allez vous mettre à travers de mon ancre.
1049 Vous vous êtes mis à travers de mon ancre.
1052 Je viens d'accrocher votre ancre *ou* cable.
1053 Vous allez vous mettre sur un fond de mauvaise tenue, *ou bien* faire un tour des cables.
1054 Je viens *de*, destiné *pour* (*indiquez les endroits.*)
1056 J'ai eu bien du mauvais temps à l'aire de vent indiquée.
1057 J'ai eu beau temps.
1058 Je vais mettre à la voile.
1059 Indiquez le temps de Greenwich d'après votre chronomètre (**).
1062 Mon chronomètre indique d'après Greenwich, comme signalé.
1063 Mon chronomètre est en avant de Greenwich aujourd'hui.
1064 Mon chronomètre est en retard de Greenwich aujourd'hui.
1065 Je vous viendrai en aide.
1067 Faites la plus exacte attention.
1068 Faites la plus exacte attention pendant la nuit.
1069 Pourrai-je arriver ?
1072 Vous pouvez arriver.
1073 Nous ferions mieux d'arriver.
1074 Il faut être prompt.
1075 Vous vous êtes trompé de signal.

(*) Voir l'extrait de lettre, à la page suivante.

(**) Le navire qui répond, ou bien qui fait ce signal, doit hisser son pavillon de poupe pour l'amener une minute environ après ; *le moment qu'on amène* sera noté par les chronomètres, immédiatement après, on signalera le temps de Greenwich, en omettant toutefois les heures.

POINT DE PAVILLON DISTINCTIF.

On hissera seulement les signaux où ils seront le mieux en vue.

1076 Un navire au loin vient de faire signal, je le répéterai de suite.
1078 Je virerai de bord cette nuit à l'heure indiquée.
1079 Vous gouvernez trop à tribord.
1082 Vous gouvernez trop à babord.
1083 Navire en vue est ami.
1084 Navire en vue est à terre.
1085 Navire en vue a besoin de secours.
1086 Agissez d'après vos propres inspirations.
1087 Avez-vous vu la terre ?
1089 Quand avez-vous vu la terre ?
1092 De quelle terre avez-vous eu connaissance ?
1093 Veillez à l'aire de vent indiquée.
1094 Envoyez votre second à mon bord.
1095 Je vous *remercie,* ce serait avec plaisir.
1096 Je vous *remercie*, agréez mes regrets.
1097

Nous le répétons, ce n'est qu'en se bien pénétrant des ressources qu'offre cette section du travail, en la parcourant souvent, qu'on peut en tirer le meilleur parti, par sa prompte application dans les cas de besoin ou de péril imminent. L'approche de la nuit, le brouillard, l'éloignement, mille incidents se refusent souvent à de nombreux signaux. — C'est en ces momens, que le marin, que L'HOMME *se trouve heureux dans la possession d'un moyen, commun à plus d'un peuple, d'invoquer, ou bien de pouvoir porter secours, à l'aide de la connaissance acquise de la nature du besoin, renseignement précieux dont l'absence empêche de rendre bien souvent les services qu'on est à même de réciproquer à la mer. — Qu'on en juge par un seul exemple extrait de la lettre suivante d'un officier dont la* MARINE MARCHANDE *depuis long-temps s'honore.*

Le capitaine FRIETZ, commandant le navire Anthime du Hâvre, à M. Luscombe.

Havre, 10 novembre 1835.

« Permettez-moi de vous adresser mes sincères remerciemens relativement à votre » système de signaux. Depuis long-temps j'ai le plaisir de me servir de ce Code, et de » profiter des avantages qu'il présente ; je ne sais pas l'anglais, mais avec lui, je parle an- » glais aux bâtimens de cette nation que je rencontre ; j'ai encore, à son aide, malgré le » mauvais temps qui m'empêcherait de communiquer avec un bâtiment, le plaisir d'ap- » prendre quelques nouvelles, et, de plus, d'être renseigné sur les côtes, où votre système » est établi, sur les choses de la plus haute importance; comme des secours à demander, un » pilote à appeler, des renseignemens sur l'état des marées, etc., etc.; mais où j'ai eu la plus » grande satisfaction d'avoir à mon bord la *Langue télégraphique universelle,* c'est dans le » voyage que je viens de faire.

» Je me rendais à la Guadeloupe, et vers la hauteur des îles Açores, un de mes hommes » tomba de la hauteur de la vergue de mizaine sur le pont, et se fracassa une jambe sur » le panneau d'avant ; j'avais à bord parmi mes passagers un jeune médecin qui s'employa » avec le zèle le plus louable à panser le blessé. La fracture était si grave que, dès le len- » demain, le docteur fut très alarmé sur le sort du malade ; par un bonheur inespéré, on » aperçut un navire à toute distance ; je fis manœuvrer pour m'en rapprocher, et dès que » je pus voir d'en bas le corps de ce bâtiment, je hissai le signal (n° 987, partie 4) qui dit, « *j'ai besoin d'un chirurgien, en avez-vous un à bord?* » Ce navire qui me comprit fort bien, » parce qu'il était muni du même système de signaux, était la corvette de l'état la LOIRE, » qui se rendait à la Martinique; son commandant eût l'extrême obligeance de se déranger » de sa route pour venir à ma rencontre, et avant la nuit, ce commandant à qui je fis part » de l'événement, m'expédia de suite son major, qui visita la blessure, la reconnut bien » pansée, et eût la bonté de m'envoyer, de la corvette, les médicamens qui me manquaient » pour éviter la gangraine.

» Avec ce secours, j'eus le bonheur, vingt jours après, d'arriver à la Guadeloupe, et d'y » déposer mon malade à l'hôpital.

» Il est à regretter que ce système de signaux ne soit pas traduit dans toutes les langues, » car alors les navigateurs de toutes les nations jouiraient de cet immense bienfait, de par- » ler tous le même langage ! »

Signé FRIETZ,
Capitaine du navire *Anthime* du Hâvre.

INDEX

DE LA PARTIE IV.

⁂ *On trouvera dans la partie IV, à la suite des mots portés dans l'Index plusieurs phrases d'un sens semblable ou relatif.*

J

CINQUIÈME PARTIE.

PREMIÈRE DIVISION DU VOCABULAIRE.

SIGNAUX DE BOUSSOLE, VERBES AUXILIAIRES, APPROVISIONNEMENS DE NAVIRE.

LA DEUXIÈME FLAMME DISTINCTIVE

Doit être hissée au-dessus du numéro.

SIGNAUX DE LA BOUSSOLE.

1 Nord.
2 N. ¼ N. E.
3 N. N. E.
4 N. E. ¼ N.
5 N. E.
6 N. E. ¼ E.
7 E. N. E.
8 E. ¼ N. E.
9 Est.
10 E. ¼ S. E.
12 E. S. E.
13 S. E. ¼ E.
14 S. E.
15 S. E. ¼ S.
16 S. S. E.
17 S. ¼ S. E.
18 Sud.
19 S. ¼ S. O.
20 S. S. O.
21 S. O. ¼ S.
23 S. O.
24 S. O. ¼ O.
25 O. S. O.
26 O. ¼ S. O.
27 Ouest.
28 O. ¼ N. O.
29 O. N. O.
30 N. O. ¼ O.
31 N. O.
32 N. O. ¼ N.
34 N. N. O.
35 N. ¼ N. O.

VERBES AUXILIAIRES.

AVOIR.

36 J'ai.
37 Il *ou* elle a.
38 Nous avons.
39 Vous avez.
40 Ils *ou* elles ont.
41 Ai-je ?
42 A-t-il ? *ou* a-t-elle ?
43 Avons-nous ?
45 Avez-vous ?
46 Ont-ils *ou* ont-elles ?

47 J'avais.
48 Il *ou* elle avait.
49 Nous avions.
50 Vous aviez.
51 Ils *ou* elles avaient.
52 Avais-je ?
53 Avait-il *ou* elle ?
54 Avions-nous ?
56 Aviez-vous ?
57 Avaient-ils *ou* elles.
58 J'aurai.
59 Il aura.
60 Nous aurons.
61 Vous aurez.
62 Ils *ou* elles auront.

63 Aurai-je ?
64 Aura-t-il *ou* elle ?
65 Aurons-nous ?
67 Aurez-vous ?
68 Auront-ils *ou* elles ?

69 Que j'aie.
70 Qu'avez-vous ?
71 Qu'il *ou* qu'elle ait.
72 Que nous ayons.
73 Qu'ils *ou* qu'elles aient.

74 Je puis avoir.
75 Il peut avoir.
76 Nous pouvons avoir.
78 Vous pouvez avoir.
79 Ils *ou* elles peuvent avoir.

80 Puis-je avoir ?
81 Peut-il *ou* elle avoir ?
82 Pouvons-nous avoir ?
83 Pouvez-vous avoir ?
84 Peuvent-ils *ou* elles avoir?

85 J'aurais.
86 Il aurait.
87 Nous aurions.
89 Vous auriez.
90 Ils *ou* elles auraient.
91 Aurais-je ?
92 Aurait-il *ou* elle? (avions?)
93 Aurions-nous ? (Si nous
94 Auriez - vous ? (Si vous aviez ?)

LA DEUXIÈME FLAMME DISTINCTIVE

Doit être hissée au-dessus du numéro.

95 Auraient-ils *ou* elles?

96 Si j'ai.
97 S'il a.
98 Si nous avons.
102 Si vous avez.
103 S'ils *ou* elles ont.
104 Si j'avais.
105 S'il avait.
106 Si nous avions.
107 Si vous aviez.
108 S'ils *ou* elles avaient.

109 Avoir, d'avoir.
120 Avoir et d'avoir eu, eue.
123 Ayant.
124 Eu, eue, eût.
125 Ayant eu, eue.

ETRE.

126 Je suis.
127 Il est.
128 Nous sommes.
129 Vous êtes.
130 Ils *ou* elles sont.
132 Suis-je?
134 Est-il *ou* elle?
135 Sommes-nous?
136 Etes-vous?
137 Sont-ils *ou* elles?

138 J'étais.
139 Il était.
140 Nous étions.
142 Vous étiez.
143 Ils *ou* elles étaient.
145 Etais-je?
146 Etait-il *ou* elle?
147 Etions-nous?
148 Etiez-vous?
149 Etaient-ils *ou* elles?

150 Je serai.
152 Il sera.
153 Nous serons.
154 Vous serez.
156 Ils *ou* elles seront.
157 Serai-je?
158 Sera-t-il *ou* elle?
159 Serons-nous?
160 Serez-vous?
162 Seront-ils *ou* elles?

163 Que je sois.
164 Qu'il *ou* qu'elle soit.
165 Que nous soyons.
167 Soyez.
168 Qu'ils *ou* qu'elles soient.

169 Je peux être.
170 Il peut être.
172 Nous pouvons être.
173 Vous pouvez être.
174 Ils *ou* elles peuvent être.
175 Puis-je être?
176 Peut-il *ou* elle être?
178 Pouvons-nous être?
179 Pouvez-vous être?
180 Peuvent-ils *ou* elles être?

182 Je serais.
183 Il serait.
184 Nous serions.
185 Vous seriez.
186 Ils *ou* elles seraient.
187 Serais-je?
189 Serait-il *ou* elle?
190 Serions-nous?
192 Seriez-vous?
193 Seraient-ils *ou* elles?

194 Si je suis.
195 S'il *ou* elle est.
196 Si nous sommes.
197 Si vous êtes.
198 S'ils sont.

201 Si j'étais.
203 S'il était *ou* qu'il fût.
204 Si nous étions.
205 Si vous étiez.
206 S'ils étaient.

207 Etre, d'être.
208 d'avoir été.
209 Etant.
210 Eté.
213 Ayant été.

VOULOIR.

214 Je veux, *sert de futur à tout verbe.*
215 Il veut, id.
216 Nous voulons, id.
217 Vous voulez, id.
218 Ils *ou* elles veulent, id.

DEVOIR.

219 Dois-je? *futur interrogatif de tout verbe.*
230 Doit-il? id.
231 Devons-nous? id.
234 Devez-vous? id.
235 Doivent-ils? id.

VOULOIR.

236 Je veux, *autre futur de tout verbe.*
237 Il veut. id.
238 Nous voulons, id.
239 Vous voulez, id.
240 Ils *ou* elles veulent, id.
241 Veux-je? *autre futur interrogatif.*
243 Veut-il *ou* elle? id.
245 Voulons nous? id.
246 Voulez-vous? id.
247 Veulent-ils *ou* elles? id.

POUVOIR.

248 Si je puis. (*If I may.*)
249 S'il *ou* elle peut.
250 Si nous pouvons.
251 Si vous pouvez.
253 S'ils *ou* elles peuvent.
254 Si je puis. (*If I can.*)
256 S'il *ou* elle peut.
257 Si nous pouvons.
258 Si vous pouvez.
259 S'ils *ou* elles peuvent?

260 Je pourrais. (*I might.*)
261 Il pourrait.
263 Nous pourrions.
264 Vous pourriez.
265 Ils *ou* elles pourraient.
267 Pourrais-je? (*Might I.*)
268 Pourrait-il *ou* elle?
269 Pourrions-nous?
270 Pourriez-vous?
271 Pourraient-ils *ou* elle?

273 Je pourrais. (*I could.*)
274 Il pourrait.
275 Nous pourrions.
276 Vous pourriez.
278 Ils *ou* elles pourraient.
279 Pourrais-je? (*could I?*)
280 Pourrait-il *ou* elle?

LA DEUXIÈME FLAMME DISTINCTIVE

Doit être hissée au-dessus du numéro.

281 Pourrions-nous?
283 Pourriez-vous?
284 Pourraient-ils *ou* elles?

DEVOIR.

285 Je devrais.
286 Il devrait.
287 Nous devrions.
289 Vous devriez.
290 Ils *ou* elles devraient.
291 Devrais-je?
293 Devrait-il *ou* elle?
294 Devrions-nous?
295 Devriez-vous?
296 Devraient-ils *ou* elles?

VOULOIR.

297 Je voudrais.
298 Il voudrait.
301 Nous voudrions.
303 Vous voudriez.
304 Ils *ou* elles voudraient.
305 Voudrais-je?
306 Voudrait-il *ou* elle?
307 Voudrions-nous?
308 Voudriez-vous?
309 Voudraient-ils *ou* elles?

APPROVISIONNEMENS DE NAVIRES.

708 Pouvez-vous me fournir?
709 Pouvez-vous fournir au navire n°.
710 Je puis vous fournir, *ou* au navire n°.
712 Je ne puis pas vous fournir. *ou* au navire n°.
713 J'ai besoin de—.
714 Avez vous besoin de—?
715 Il a besoin de—.
716 A-t-il besoin de—?
718 J'ai grand besoin de—.
719 Il a grand besoin de—.
720 Pouvez-vous me prêter—
721 Je ne puis pas vous prêter.
723 Je puis vous prêter.
724 De combien en avez-vous besoin?
725
726 De quelle grandeur avez-besoin?
728 Combien avez-vous besoin?
729 De quelle quantité en avez-vous besoin?
730 De quelle espèce avez-vous besoin?
731
732
734 Herminette.
735 Ancre.
736 Ancre et cable.
738 Jat de l'ancre.
739 Haches.
740 Munitions de guerre.
741
742 Flanelle.
743 Quinquina.
745 Bœuf.
746 Bierre.
748 Biscuit.
749 Cirage.
750 Eau-de-vie.
751 Pain.
752 Balais.
753 Brosses à goudron.
754 » à peindre.
756 » à frotter.
758 Sceaux.
759 Etamine.
760 Bouée.
761 Beurre.
762 Embarcations grandes.
763 » petites.
764
765 Cartouches.
768 Toile à voile.
769 Cable.
780 Cable d'affourche.
781 Calomel.
782 Barres de cabestan.
783 Haricots.
784 Fromage.
785 Ciseaux.
786 Boussolle.
789 Coton.
790 Misaine.
791 Grand voile.
792 Voile d'artimon.
793 Pinces.
794 Cuivre.
795
796 Caps de mouton.
798 Poulies doubles.
801
802
803 OEufs.
804
805 Limes.
806 Poisson.
807 Jumelle.
809 Farine.
810 Bœuf frais.
812
813
814 Verre à vitrer.
815 OEils de bœuf.
816 Colle forte.
817 Meule.
819 Poudre à canon.
820
821 Marteaux.
823 Hamacs.
824 Anspects.
825 Haches.
826 Haussières.
827 Foins.
829 Cuirs.
830 Manche à eau.
831
832

LA DEUXIÈME FLAMME DISTINCTIVE

Doit être hissée au-dessus du numéro.

834 Fer.
835 Cercles de fer.
836
837 Grand foc.
839 Baton de foc.
840 Vieux cordages.
841
842
843 Ancre à empenneler.
845
846 Fanal.
847 Plomb laminé.
849 Cuir.
850 Citron *et* jus de citron.
851 Ligne de sonde.
852 » loc.
853 » pêche.
854 Charpie.
856
857
859 Epissoirs.
850 Masse de fer.
861 Messager.
862 Lait.
863 Mouton.
864 Mousquettes.
865 Clous.
867 Aiguilles.
869
870 Etoupe.
871 Avirons.
872 Farine d'avoine.
873 Avoine.
874 Huile.
875 Oignons.
876 Oranges.
879
890
891 Peinture blanche.
892 Peinture rouge.
893 » bleue.
894 » verte.
895 » noire.
896 » jaune.
897 Pois.
901 Cochons.
902 Essieux de poulies.
903 Brai.
904 Rabot.
905 Porc.
906 Pommes de terre.
907 Volailles.
908 Poudre à canon.
910
912 Raisons.
913 Riz.
914 Cordage vieux.
915 » neuf.
916 Résine.
917 Rum.
918
920
921 Poisson salé.
923 Sels médicaux.
924 Scies.
925 Grattes (racles).
926 Colle.
927 Moutons.
928 Pelles.
930 Poulies simples.
931 Espars grands.
932 » petits.
934 Chanvre filé.
935 Gras de Bœuf.
936 Sucre.
937
938
940 Suif.
941 Goudron.
942 Thé.
943 Cosse de fer.
945 Fil à coudre.
946 Paillets.
947 Barre.
948 Charpente de chêne.
950 » d'orme.
651 » sapin.
952 » chêne.
953 Fer-blanc.
954 Mât de hune.
856 Barres-maîtresses de hunes.
957 Grand hunier.
958 Petit hunier.
960 Perroquet de fougue.
961 Poulies triples.
962 Ficelle.
963
964
965
967 Vernis noir naval.
968 Légumes.
970 Vinaigre.
971
972
973
974 Eau.
975 Cire.
976 Vin.
978
980
981
982
983
984
986
987

INDEX

AUX APPROVISIONNEMENS DE NAVIRES.

SIXIÈME PARTIE.

DEUXIÈME DIVISION DU VOCABULAIRE.

L'ALPHABET ET LES MOTS LES PLUS USITÉS EN AFFAIRES MARITIMES ET COMMERCIALES.

PAVILLON DU TÉLÉGRAPHE

Hissé sur tout autre mât.

1—A	10—J	20—S
2—B	12—K	21—T
3—C	13—L	23—U
4—D	14—M	24—V
5—E	15—N	25—W
6—F	16—O	26—X
7—G	17—P	27—Y
8—H	18—Q	28—Z
9—I	19—R	

29 Coiffé.
30 Arrière.
31 Par le travers.
32 De travers.
34 En dérive.
35 De l'arrière.
36 En avant.
37 Almanach nautiq.
38 En haut.
39 Hauteur.
40 Amplitude.
41 Angle.
42 Avant Midi.
43 Ancre a laissé.
45 Azimut.
46 Jour maigre.
47 Baromètre.
48 Balise.
49 Relèvement.
50 Pris par le calme.
51 Crique, calanque.
52 Poulie.
53 Maître d'équipage.
54 Bombe (ardement)
56 Coup.
57 Avant du navire.
58 Brise.
59 Brick.
60 Cloison.
61 Bateau de provision.
62 Chambre.
63 Cable.
64 Calfater.
65 Calfat.
67 Chronomètre.
68 Lover (ée.)
69 Boussole.
70 Tonnelier.
71 Corvette.
72 Côtre.
73 Point.
74 Route estimée.
75 Pont.
76 Rang.
78 Déclinaison.
79 Bassin.
80 Raban.
81 Vers l'Orient.
82 Jusant.
83 Remoux.
84 Enseigne.
85 Ephémérides.
86 Equinoxe.
87 Brulot.
89 Pavillon.
90 Flottille.
91 Gaillard d'avant.
92 Cap.
93 Galiote.
94 Apparaux.
95 Pinasse.
96 Mitraille.
97 Grapin.
98 Grog.
102 Abandonner.
103 Rabattre.
104 Moyen.
105 Capable.
106 Demeure.
107 Abolir (tion).
108 Adjacent.
109 Régler.
120 Administrer Administration.
123 Amirauté.
124 Admirer.
125 Admettre (ission).
126 Falsifier (cation).
127 Avance (r, ment)
128 Avantage (ux).
129 Aventure (r).
130 Adverse (aire).
132 Faire allusion.
134 Avertir Avertissement.
135 Conseil (ler).
136 Soutenir.
137 Loin.
138 Affaire.
139 Affecter.
140 Affirmatif.
142 Attestation.
143 Attacher.
145 Accorder.
146 A flot.
147 Craintif.
148 De nouveau.
149 Insulte (r).
150 Après (selon).

PAVILLON DU TÉLÉGRAPHE

Hissé sur tout autre mât.

152 Dernier.
Sur l'arrière.
153 Après midi.
154 Ensuite, après.
156 Encore.
157 Contre.
158 Age.
159 Agent (ce).
160 Agraver (ation).
162 Agiter (ation).
163 Depuis.
164 Arme (r) *bras*.
Armement.
165 Armistice.
167 Armée.
168 Arranger.
169 Arriver (ée).
170 Autour de.
172 Arrérage.
173 Arrêter.
174 Article.
175 Etablir.
176 Attribuer.
178 Frêne.
179 Cendres.
180 A terre, echouer.
182 A côté.
183 Demander.
184 Vue.
185 Assemblée.
186 Assigner (ation).
187 Assister (ance).
189 Assurer (ance).
190 En arrière.
192 Astronome (ie).
193 A part.
194 A (chez, en).
195 Acquérir.
196 Tenter (ative).
197 Faire attention.
198 Attentif (on).
201 Attester.
203 Profiter.
204 Avarie (r).
205 Vente à l'encan.
206 Eviter.
207 Authentique.
208 Auteur (oriser).
Autorité.
209 Graisse
» de baleine.
210 Bleu.
213 Gros cap.
214 Aborder (age).
215 Embarcation.
216 Courage (eux).
217 Plus hardi.
218 Le plus (id).
219 Cheville (r).
230 Entrepôt (*caution*).
231 Livres.
234 Boutehors.
235 Percer (*calibre*)
236 Emprunter.
237 Tous deux.
238 Bouteilles.
239 Fond.
240 Destiner.
241 Boite.
243 Garçon.
245 Bras (ser).
246 Saumâtre.
247 Son de farine.
248 Eau de vie.
249 Cuivre jaune.
250 Brave (ment).
251 Biscuit.
253 Largeur.
254 Rompre.
256 Brisants.
257 Séduire.
258 Briques.
259 Souffre.
260 Mettre en panne.
261 Soies de porc.
263 Britannique.
264 Coiffer.
265 Large.
267 Plus large.
268 Le plus large.
269 Courtier.
270 Brun.
271 Sceau.
273 Boulet.
274 Fourbe, tromper.
Fourberie.
275 Retenir.
276 Joue.
278 Fromage.
279 La Chine (de).
280 Engorger.
281 Choisir.
283 Choix.
284 Circonstance.
285 Réclamer (ation).
286 Réclamateur.
287 Citer (ation).
289 Civil (ment).
290 Clause.
291 Classe (r).
293 Propre (ment, té)
294 Clair.
295 Commis.
296 Falaise.
297 Climat.
298 Etalinguer.
301 Horloge.
302 Près.
304 Plus près.
305 Le plus près.
306 Drap.
307 Nuage.
308 Coaliser (tion).
309 Charbon (de terre).
310 Gros (plus gros).
312 Cacao.
314 Cochenille.
315 Cocket.
316 Café.
317 Froid.
318 Recueillir.
319 Colonie (al).
320 Venir.
321 Combinaison.
324 Comfort (able).
325 Convaincre.
326 Convoi (yer).
327 Cooperer (ation).
328 Cuivre.
329 Copie (r).
340 Corde (age).
341 Liège.
342 Blé.
345 Corriger.
346 Correspondre.
347 Correspondance.
348 Coût (er).
349 Coton.
350 Crique.
351 Couvrir.
352 Conseil (ler).
354 Pays.
356 Compter.
357 Contrefaire (çon).
358 Solliciter.
359 Cours.
360 Vache.
361 Lâche (té).
362 Cowries.
364 Crédit.
365 Crime (inel).
367 Critique.
368 Récolte.
369 Foule.
370 Course (aller en).
371 Faire gouverner.
372 Raisin de Corinthe.
374 Courant (mment)
375 Coutume (de)
376 Couper.
378 Quintal.
379
380
381 Detenir (tion).
382 Determiner
Détermination.
384 Detriment.
385 Exempt (vide).
386 Echoir.
387 Dicter (ation).
389 Fit (fait).
390 Mourir.
391 Différer.
392 Different (ence).
394 Difficulté (cile).
395 Diligent (ce).
396 Dimension.
397 Diminuer (tion).
398 Diner.
401 Diriger.
402 Direction.
403 Désemparer.
405 Désavantage.
406 Disconvenir.
407 Contrarier (té).
408 Décharger.
409 Discipline.
410 Mécontenter
Mécontentement.
412 Découvrir (erte).
413 Décourager, ment)
415 Discours (ir).
416 Discrétion (à).
417 Discuter (ssion).
418 Malade (ie).
419 Débarquer (ment)
420 Disgrace (ier).
421 Déguiser (ment).
423 Désapprouver.
425 Empereur.
426 Occuper (ation).
427 Vacant (uite).
428 Mettre en état.
429 Enfermer.
430 Enclos.
431 Encourager
Encouragement.

PAVILLON DU TÉLÉGRAPHE

Hissé sur tout autre mât.

432 Bout (fin).
435 Sans fin.
436 Endos (ser).
437 Essayer.
438 Ennemi.
439 Contraindre (te).
450 Engager (ment).
451 Angleterre (d').
452 Anglais.
453 Accaparer.
456 Assurer.
457 Entrer (ée).
458 Entreprise.
459 Entretenir.
460 Entier (rement).
461 Donner droit.
462 Supplier.
463 Entrée.
465 Envoyé.
467 Egal (er).
468 Egalement (ité).
469 Equateur.
470 Armer.
471 Equivalent.
472 Equivoque.
473 Errer.
475 Erreur (en).
476 Echapper.
478 Spécial (ement).
479 Etablir (sement).
480 Défense.
481 Chercher.
482 Fièvre (eux).
483 Peu.
485 Moins.
486 Figues.
487 Combattre.
489 Figure (er).
490 Remplir.
491 Final (ement).
492 Trouver (ant).
493 Beau fin.
495 Plus fin.
496 Le plus fin.
497 Finir.
498 Feu (faire).
501 Premier.
502 Poisson (pêcher et jumeler).
503 Propre (aptitude)
504 Cinq (uième).
506 Fixer.
507 Plat.
508 Lin.
509 Flotte.
510 Lancer.
512 Flotter.
513 Inondation.
514 Farine.
516 Couler.
517 Patte de l'ancre.
518 Mouche et voler.
519 Fourrage.
520 Brume (eux).
521 Suivre.
523 Pied.
524 Irréfléchi.
526 Pour, car.
527 Défendre.
528 Forcer.
529 Céder.
530 De l'étranger.
531 Etranger.
532 Premier en tête.
534 Deviner.
536 Crime.
537 Guinée.
538 Pic.
539 Gomme.
540 Canon.
541 Canonnière.
542 Poudre à canon.
543 Sainte-Barbe.
546 Trou de canon.
547 Canonnier.
548 Plat-bord.
549 Arsenal.
560 Bouffée.
561 Gypse.
562
563 Marchand (er).
564 Habitude.
567 Avais.
568 Heler.
569 Chevaux (poil).
570 Moitié.
571 Hamac.
572 Main.
573 Pendre.
574 Advenir.
576 Heureux Bonheur.
578 Harasser.
579 Port Havre.
580 Dur (eté).
581 Durcir.
582 Mal (et faire).
583 Harpon.
584 Hâte (en).
586 Hâter.
587 Ecoutille.
589 Avoir.
590 Ravage.
591 Hâler.
592 Inexact (titude).
593 Augmenter Augmentation.
594 Encourir.
596 Enjoint.
597 Endetté.
598 Assurément.
601 Indemniser (ité).
602 Index.
603 Indigo.
604 Indifférent.
605 Courant.
607 Inévitable.
608 Infâme.
609 Infecter.
610 Infecte (ion).
612 Induction.
613 Inférieur (orité).
614 Infini (ment).
615 Influence (er).
617 Informer (ation).
618 Encre.
619 De l'intérieur.
620 Entrée.
621 Intérieur (le plus)
623 Enquête, S'enquérir.
624 Peu sûr.
625 Près de terre.
627 En dedans.
628 Exemple.
629 Instant (sur l').
630 A la place de
631 Instrument (al).
632 Insuffisant.
634 Proposer (se).
635 Intention.
637 Intercepter.
638 Intervenir.
639 Intermédiaire.
640 Interpréter, Interprétation.
641 Intervalle.
642 Laissé à *gauche*.
643 Jambe.
645 Légal (ement).
647 Loisir et à loisir.
648 Citron.
649 Jus de citron.
650 Prêter.
651 Longueur (en).
652 Allonger.
653 Moindre, moins
654 Diminuer.
657 Laisser.
658 Lettre.
659 Lettre de marque.
670 Sujet exposé.
671 Libelle.
672 Mensonge (mentir) *rester, reposer, coucher.*
673 Au lieu de
674 Lieutenant.
675 Alléger (*éclairer*)
678 Allège (plus clair et plus léger).
679 Phare.
680 Pareil.
681 Probable (ilité).
682 Limons (jus de).
683 Limite (er).
684 Linge.
685 Charpie.
687 Littéral (ement).
689 Contester (ation).
690 Peu (petit).
691 Vivre (demeurer)
692 Charge (er).
693 Emprunt.
694 Table de loc.
695 Journal de mer.
697 Bois de Campêche
698 Londres.
701 Long.
702 Longitude (inal).
703 Regarder.
704 Paraître dans le brouillard.
705 Largeur.
706 Moussons.
708 Mois par mois.
709 Lune.
710 Affourcher (age).
712 Plus.
713 Matin (s).
714 Mortel (alité).
715 Hypothèque.
716 Hypothèqué.
718 Le plus (souvent)
719 Motif.
720 Beaucoup.
721 Fusil.
723 Mousseline.
724 Doit (faut).
725 Mutuel (ment).

PAVILLON DU TÉLÉGRAPHE

Hissé sur tout autre mât.

726 Mon (ma, mes).
728 Moi-même.
729
730 Clou.
731 Nom (er).
732 Etroit.
Rétrécir.
734 Etroitement.
735 Nation (al).
736 Nature (el).
738 Naviguer.
739 Navigation (able).
740 Naval.
741 Nautique.
742 Mortes eaux.
Amortir.
743 Napolitain.
745 Près (approcher).
746 Plus près.
748 Propre (ment).
749 Nécessaire (ment)
750 Besoin (avoir).
751 Aiguilles.
752 Négatif.
753 Négliger (ence).
754 Négligent.
756 Négocier (able).
Négociation.
758 Nègre.
759 Ni l'un.
Ni l'autre).
760 Filet.
761 Surveiller.
762 Trop haut mâté.
763 Surplus.
764 Surcharger.
765 Chavirer.
768 Inadvertence.
769 Atteindre.
780 Devrais, etc.
781 Notre.
Nous-même.
782 Hors (dehors).
783 Dépasser.
784 Le dehors.
785 Au-dehors.
786 Devoir.
789 Posséder
(*armateur*).
790
791 Pacifique.
Pacification.
792 Emballer (age).
793 Paquebot.
794 Douleur (eux).

795 Peinture.
796 Peintre.
798 Brochure.
801 Papier.
802 Parallèle (axe).
803 Paquet.
804 Paris.
805 Parlement.
806 Particulier.
807 Partie (en).
809 Associé (ation).
810 Passer (able).
812 Traversée.
813 Passager.
814 Passeport
815 Passé.
816 Brevet.
817 Echantillon.
819 Paie.
820 Paix.
821 Pois.
823 Pécuniaire.
824 Flamme.
825 Avarie (chapeau)
826 Amorce (er).
827 Prince Régent.
829 Prince.
830 Privé.
831 Principal.
832 Corsaire.
834 Prise.
835 Probable.
836 Probabilité.
837 Procéder.
839 Procurer.
840 Profit.
841 Profitable.
842 Promesse.
843
845 Propre.
846 Proportion.
847 Proposition.
849 Proposer.
850 Protéger (ection).
851 Rapport de mer
Protester.
852 Prouver.
853 Pourvoir.
854 Providence.
856 Prussien.
857 Public (ité).
859 Publication.
860 Publier.
861 Pompe (er).
862 Barrique.

863 Commissaire de
vivres.
864 Poursuivre.
865 Poser.
867
869 Quantité.
870 Querelle.
871 Octant.
872 Quarantaine.
873 Lieu de quarantᵉ.
874 Abandonner.
875 Compter (se fier).
876 Rester (reste).
879 Remarquer.
890 Remarquable.
891 Remède.
892 Se souvenir.
893 Rappeler.
894 Remettre.
895 Reste.
896 Changer de place
897 Récompense (er).
901 Rendez-vous.
902 Renouveler.
903 Rendre.
904 Loyer et louer.
905 Rembourser
Remboursement
906 Réponse (dre).
907 Révoquer.
908 Répéter (tition).
910 Représailles.
912 Rapport (er).
913 Réputer (ation).
914 Prier.
915 Requérir.
916 Réquis (ition).
917 Réserve (er).
918 Résolu (tion).
920 Résoudre.
921 Ressource.
923 Respect (par).
924 Responsable (ité).
925 Résulter (at).
926 Seine (filet).
927 Saisir.
928 Saisie.
930 Rarement.
931 Vendre.
932 Envoyer.
934 Jugement.
935 Séparer.
936 Séparation.
937 Septembre.
938 Séquestrer.

940 Servir.
941 Service.
942 Poser.
943 Fixer.
945 Divers.
946 Sévère (ité).
947 Sept.
948 Sextant.
950 Secouer.
951 Sera (seront).
952 Peu profond.
953 Partage (er).
954 Requin.
956 Elle.
957 Tonture.
958 Ecoutes.
960 Xérès.
961 Changer (riper).
962 Cailloux.
963 Vaisseau.
(*embarquer*).
964 Constructeur.
965 Chemise.
967 Banc de sable.
968 Terre.
970 Court.
971 Raccourcir.
972 Boulet.
973 Pelle (ter).
974 Devrais.
975 Arrimer.
976 Arrimage.
978 Rivage.
980 Etranger.
981 Courant d'eau.
982 Puissance.
983 Importance.
984 Allonger.
985 Frapper.
Se rendre.
986 Coup.
987 Bonnettes.
1023 Sujet.
1024 Substance.
1025 Démontrer.
1026 Substitut (er).
1027 Réussir.
1028 Succès.
1029 Tel.
1032 Subit (ement).
1034 Assez.
1035 Sucre.
1036 Convenir (able).
1037 Soufre.
1038 Dimanche.

PAVILLON DU TÉLÉGRAPHE

Hissé sur tout autre mât.

1039 Divers.
1042 Lever du soleil.
1043 Coucher id.
1045 Subrécargue.
1046 Fournir (ture).
1047 Soutenir.
1048 Supposer.
1049 Supprimer.
1052 Sûr (ement).
1053 Sûreté.
1054 Ressac.
1056 Surface.
1057 Houle.
1058 Chirurgien.
1059 Surplus.
1062 Transport.
1063 Essai.
1064 Trinity-house.
1065 Trivial.
1067 Tropique.
1068 Trouble (er).
1069 Trève.
1072 Confier (ance).
1073 Vérité.
1074 Tâcher.
1075 Mardi.
1076 Tonneau.
1078 Turc.
1079 Tourner.
1082 Térébentine.
1083 Deux fois.
1084 Ficelle.
1085 Deux.
1086 Vacant (ance).
1087 Valide
1099 Valeur.
1092 Girouette.
1093 Varier (able).
1094 Variété (able).
1095 Vernis (ir).
1096 Virer.
1097 Légumes.
1098 Risquer.
1203 Très-fort.
1204 Navire.
1205 Vexer (ation).
1206 Victoire.
1207 Approvisionner
Approvisionnem
1208 Vue, voir.
1209 Vinaigre.
1230 Vendange.
1234 Visible.
1235 Visite.
1236 Vocabulaire.

1237 Vide.
1238 Utilité.
1239 Le plus.
1240
1243 Gager.
1245 Attendre.
1246 Houache.
1247 Besoin.
1248 Guerre.
1249 Grande chambre.
1250 Marchandise.
1253 Magasin.
1254 Chaud,
Chauffer.
1256 Avertir.
1257 Garantir.
1258 Officiers par brevet.
1259 Etait.
1260 Laver.
1263 Eau (x).
1264 Route.
1265 Nous.
1267 Richesse.
1268 Faible (esse).
1269 Affaiblir.
1270 Virer vent arrière.
1273 Doubler *(temps)*
1274 Le plus au vent.
1275 Semaine.
1276 Mercredi.
1278 Péser.
1279 Poids.
1280 Bien venu.
1283 Bien.
1284 Allais, etc. etc.
1285 Etions (iez, etc.)
1286 Mouiller d'eau.
1287 Baleine.
1289 Quoi, qui, quel, qu'est-ce.
1290 Abonder (ance).
1293 Environ.
1294 Au-dessus.
1295 Abréger.
1296 En perce.
1297 A l'étranger.
1298 Absenter.
1302 Absolu (ment).
1304 Abstrait.
1305 Absurde.
1306 Abus (er).
1307 Accéder.

1308 Accepter.
1309 Accident (el).
1320
1324 Accommoder.
1325 Accompagner.
1326 Accomplir,
Accomplissem.
1327 Accord (er).
1328
1329 Compte (er).
1340 Convenir (able).
1342 A terre.
1345 Aide (r).
1346 Mire (r).
1347 Alarme.
1348 Semblable.
1349 Vivant.
1350 Tout.
1352 Alléguer.
1354 Allouer.
1356 Faire allusion.
1357 Allié (ance).
1558 Amandes.
1359 Presque.
1360 Seul.
1362 Avec.
1364 De loin, au loin.
1365 A haute voix.
1367 Alphabet.
1368 Déjà.
1369 Aussi.
1370 Changer (ment).
1372 Alternatif.
1374 Quoique.
1375 Tout-à-fait.
1376 Alun.
1378 Toujours.
1379 Etonner.
1380 Corriger.
1382 Mal.
1384 Amitié.
1385 Munition.
1386 Parmi.
1387 Montant (er).
1389 Amuser (ement)
1390 Analogie.
1392 Ancre.
1394 Mouillage.
1395 Automne.
1396 Audience.
1397 Opposé.
1398 Augmenter.
1402 Augur (er).
1403 Août.
1405 Revenu.

1406 Attendre.
1407 Absent.
1408 Pendant quelque temps.
1409 Lard.
1420 En arrière.
1423 Mauvais.
1425 Contrarier.
1426 Sac.
1427 Caution (ner).
1428 Grosse flanelle.
1429 Balle.
1430 Balance (er).
1432 Lest.
1435 Banqueroute.
1436 Banc,
Banquier.
1437 Barre (r).
1438 *A peine.*
1439 Marché (ander).
1450 Grand canot
Allège.
1452 Soude.
1453 Orge.
1456 Ecorce,
Quinquina.
1457 Or ou argent (en barre).
1458 Bœufs.
1459 Bondon.
1460 Etamine.
1462 Bouée.
1463 Brûler.
1465
1467 Crever.
1468 Enterrer.
1469 Occupation.
1470 Occupé.
1472 Mais.
1473 Beurre.
1475 Acheter.
1476
1478 Par.
1479 Tantôt.
1480
1482
1483
1485 Cabinet,
Ministère.
1486 Calcul (er).
4487 Calice.
1489 Vesces.
1490 Appeler.
1492 Tranquille.
1493 Batiste.

PAVILLON DU TÉLÉGRAPHE

Hissé sur tout autre mât.

1495 Puis (peut).
1496 Chandelles.
1497 Ne peut pas.
1498 Canonade.
1502 Annuller.
1503 Commander.
Commandement
1504 Commerce.
1506 Commission.
1507 Commettre.
1508 Commodore.
1509 Commun (es).
1520 Communiquer.
1523 Compagnie.
1524 Comparer.
1526 Comparatif.
1527 Compenser
Compensation.
1528 Se plaindre.
1529 Compléter.
1530 Complément.
1532 Compliment.
1534 Consentir.
Consentement.
1536 Comprendre.
1537 Compromettre.
1538 Cacher.
1539 Concerne (er).
1540 Concert.
1542 Conclure (sion).
1543 Condition (nel, lement).
1546 Condamnation.
1547 Conférence.
1548 Confident.
Confiance.
1549 Renfermer
Renfermement.
1560 Confirmer.
Confirmation.
1562 Confisquer.
Confiscation.
1563 Journellement.
1564 Dommage.
Avarie (r).
1567 Humide.
1568 Danger (eux).
Dangéreusem[t].
1569 Oser.
1570 Plus obscur.
1572 Date (er).
1573 Aube (poindre).
1574 Point du Jour.
1576 Jour.
1578 Mortel, lamort.

1579 Traiter.
1580 Cher (plus cher)
Chèrement.
1582 Dette, débiteur.
1583 Tromper.
1584 Décembre.
1586 Décider.
1587 Décision (if).
1589 Déclarer (ation).
1590 Décliner.
1592 Leurrer.
1593 Diminuer.
1594 Décret.
1596 Déduire
1597 Fait acte.
1598 Profond (eur.)
1602 Plus profond.
1603 Le plus profond
1604
1605
1607
1608
1609
1620 Déduction.
1623 Déroute (r).
1624 Défaut.
1625 Défense (ive).
1627 Défendre.
1628 Démanteler.
1629 Démâter.
1630 Renvoyer (oi).
1632 Désobéir.
Désobéissance.
1634 Dépêche (er).
1635 Disposer (ition).
1637 Débat (tre).
1638 Méprise (er).
1639 Dissoudre.
Dissolution.
1640 Distant (ance).
1642 Troubler.
1643 Distiller (ation).
1645 Distinct (if).
1647 Distinguer.
1648 Détresse.
1649 Diviser (ision).
1650 Faire.
1652 Arsenal.
1653 Document.
1654 Piastre.
1657 Ne faites pas.
1658 Double (er).
1659 Doute (eux).
1670 Bas, en bas.
1672 Douzaine.

1673 Drague (er).
1674 Tirant d'eau, Plan.
1675 Tirer, dessiner.
1678 Dérive.
1679 Chasser.
1680 Goutte (er.)
1682 Noyer.
1683 Drogues.
1684 Ivre (esse).
1685 Sec (her).
1687 Bienfonds.
1689 Estime (er).
1690 Calcul.
1692 Même, uniforme
1693 Soir.
1694 Evénement.
1695 Eventuel.
1697 Toujours.
1698 Chaque; tout.
1702 Chaque chose.
1703 Evidence.
1704 Evident.
1705 Europe.
1706 Exact (itude).
1708 Examiner.
1709 Examen.
1720 Exemple.
1723 Octroi.
1724 Excéder (ent).
1725 Excellent.
1726 Excepter (ion).
1728 Echanger.
(bourse du commerce).
1729 Trésor public.
1730 Exclusif.
1732 Excuse (r, able).
1734 Exécuter (ion).
1735 Exécutif.
1736 Exempt (er).
1738 Faire des efforts
1739 Attendre.
1740 Utile (ité).
1742 Expédier (tion).
1743 Dépense.
1745 Expérimenter.
1746 Par expérience.
1748 Habile (ité.)
1749 Avant midi.
1750 Prévoir.
1752 Anticiper.
1753 Prédire.
1754 Prévoyance.
1756 Fausser (saire.)

1758 Oublier.
1759 Forme.
1760 Ancien.
1762 Formidable.
1763 Fort.
1764 Prêt à paraître.
1765 Sur-le-champ.
1768 Quinzaine.
1769 Heureux.
Heureusement.
1780 En avant.
Acheminer.
1782 Sale (*engager.*)
1783 Couler bas.
1784 Quatre (ième).
1785 Fonder (ation).
1786 France.
1789 Fraude.
1790 Forme (er).
1792 Libre (ment).
1793 Geler (ée).
1794 Frayeur.
1795 Fréquent (ter.)
1796 Frais, venter.
1798 Friction.
1802 Vendredi.
1803 Ami.
1804 Frégate.
1805 De, du, des.
1806 Gelée.
1807 Chauffage.
1809 Plein (ement).
1820 Serrer les voiles
1823 Fourrure.
1824 Fournir.
Meubler.
1825 Meubles.
1826 Plus loin.
1827 A venir.
L'avenir.
1829 Ecubier.
1830 Grelin.
1832 Foin.
1834 Chance (eux).
1835 Brume (eux).
1836 Il.
1837 Tête faire.
Gagner.
1839 Premier.
1840 Santé (en).
1842 Entendre.
1843 Lever, peser.
Virer.
1845 Lourd (ement).
1846 Pencher.

PAVILLON DU TÉLÉGRAPHE

Hissé sur tout autre mât.

1847 Hauteur.
1849 Timon (nier.)
1850 Aide.
1852 Chanvre.
1853 Delà, désormais
1854 Sa, là, à elle.
1856 Ici, voici.
1857 Elle-même.
1859 Hésiter (ation).
1860 Cacher.
1862 Haut (eur).
1863 Lui, le.
1864 Lui-même.
1865 Empêcher(ment)
1867 Suggérer(estion)
1869 Son, sa ses.
1870 Ici, jusqu'ici.
1872 Arqué.
1873 Hisser.
1874 Tenir.
1875 Trou.
1876 Chez soi.
1879 De retour.
1890 Crochet.
1892 Cercle (er).
1893 Espoir (avoir).
1894 Houblon.
1895 Cornes.
1896 Chaud.
1897 Heure.
1902 Intervenir.
1903 Intime (ation).
1904 Embrouillé
Embrouillem[t].
1905 Introduire
Introduction.
1906 Inventer (tion.)
1907 Invitation.
1908 Facture.
1920 Irlande (ais).
1923 Irlandais (un).
1924 Fer.
1925 Perdu sans ressource.
1926 Irrégulier
Irrégulièrement
1927 Irréparable
Irréparablement
1928 Est.
1930 Colle de poisson
1932 Ile, insulaire.
1934 Issue (sortie).
1935 Isthme.
1936 Il, le.
1937 Italien.
1938 Item.
1940 Lui-même.
1942 Ivoire.
1943 Cric à vis.
1945 Janvier.
1946 Gelée.
1947 Foc.
1948 Tâche.
1950 Joindre.
1952 Chaloupe.
1953 Journal.
1954 Juge (ment).
1956 Juillet.
1957 Juin.
1958 Vieux cordage.
1960 Jury.
1962 Juste (ment).
1963
1964 Petite ancre.
1965 Quille.
1967 Perdre.
1968 Perte.
1970 Bruyant.
1972 Bas, humble.
1973 Plus bas, baisser
1974 Loffe.
1975 Lougre.
1976 Calme (er).
1978 Lunaire.
1980
1982 Fait, fit.
1983 Garance.
1984 Magasin.
1985 Acajou.
1986 Malle, poste.
1987 Principal.
2013 Mais.
2014 Maintenir.
2015 Faire.
2016 Malais.
2017 Maltais.
2018 Homme.
2019 Conduire.
2031 Manœuvre.
2034 Plusieurs fois.
2035 Manufacture.
2036 Carte.
2037 Marbre.
2038 Mars.
2039 Marine.
2041 Maritime.
2043 Marque (er).
2045 Marché.
2046 Mât (er, ure).
2047 Maître (iser).
2048 Natte.
2049 Mèche.
2051 Second du na.
2053 Matériel.
2054 Matière.
2056 Matelas.
2057 Jamais.
2058 Neutre (alité).
2059 Nouveau (elle).
2061 Journal (aux).
2063 Prochain.
2064 Nuit (chaque).
2065 Neuf.
2067 Personne (aucune).
2068 Bruit (yant).
2069 Nomminal.
2071 Nommer.
Nomination.
2073 Aucun point.
2074 Midi.
2075 Ni, ne.
2076 Nord (au).
2078 Norwégien.
2079 Non, pas, ne.
2081 Note (r).
2083 Rien.
2084 Nonobstant.
2085 Nouveauté.
2086 Novembre.
2087 A présent.
2089 Nulle part.
2091 Nombre.
2093 Nombreux.
2094 Chêne.
2095 Etoupe.
2096 Aviron.
2097 Avoine.
2098 Farine d'avoine.
2103 Obéir (sance).
2104 Objet et objeter.
2105 Objection (able).
2106 Obliger (ation).
2107 Observation.
2108 Remarque (able)
2109 Obstacle.
2130 Obtenir.
2134 Péninsule.
2135 Peuple.
2136 Apercevoir.
2137 Permanent.
2138
2139 Permission.
2140 Permettre.
2143 Persévérer
Persévérance.
2145 Personne.
2146 Personnel.
2147 Pétition.
2148 Officier (marinier).
2149 Cueillir.
2150 Mariner (ade).
2153 Morceau (par).
2154 Cochon.
2156 Pilote (er, age).
2157 Pinasse.
2158 Pinte.
2159 Pirate.
2160 Brai.
2163 Pistolets.
2164 Place (r).
2165 Clair (ement).
2167 Plante (r).
2168 Expertise (r).
2169 Planette.
2170 Bordage.
2173 Agréable (ment.
2174 Plénipotentiaire.
2175 Abondant.
2176
2178 Pointe (er).
2179 Pole (aire).
2180 Poupe.
2183 Populaire.
2184 Porc.
2185 Port (babord).
2186 Portatif.
2187 Présager.
2189 Quart.
2190 Quartier.
2193 Quart (barrique)
2194 Gaillard d'arrière.
2195 Quartier maître.
2196 Quai.
2197 Question.
2198 Vite (esse).
2301 Plus vite.
2304 Vif (argent).
2305 Le plus vite.
2306 Tranquille.
2307 Plume.
2308 Main de papier.
2309 Quitter.
2310 Tout-à-fait.
2314
2315 Radeau.
2316 Rage.
2317 Chiffons.

PAVILLON DU TÉLÉGRAPHE

Hissé sur tout autre mât.

2318 Pluie, pleuvoir.
2319 Arc-en-ciel.
2340 Raisins.
2341 Soulever (ment)
2345 Hasard (au).
2346 Portée (ranger).
2347 Rare (ment).
2348 Rang, valeur,
2349 Ratifier (ication)
2350 Plutôt que.
2351 Atteindre.
2354 Sire.
2356 Prêt, prompt.
2357 Réel (ment).
2358 Réaliser.
2359 Raisonnable
Raisonablement
2360 Rappeler.
2361 Recapture (r).
2364 Quittance.
2365 Recevoir.
2367 Récent (mment)
2368 Vacance.
2369 Compter.
2370 Détail (ler).
2371 Retard.
2374 Revenu.
2375 Revers,
Renverser.
2376 Reviser (ision).
2378 Côte à côte.
2379 Riz.
2380 Riche (esses).
2381 Droit (faire).
2384 Anneau, cheville à boucle.
2385 Clapotage.
2386 Monter.
2387 Risque.
2389 Rivière.
2390 Rade.
2391 Rocher,
Pleine de.
2394 Fusée-volante.
2395 Place.
2396 Corde (age).
2397 Pourrir (iture.)
2398 Rude (esse).
2401 Ronde, arrondir
2403 Ramer (nager).
2405 Frotter.
2406 Gouvernail.
2407 Ruine (er).
2408 Règle (er).
2409 Rupture.

2410 Rouille.
2413 Seigle.
2415
2416 Sac (cager).
2417 Sûr (eté, ment).
2418 Plus sûr.
2419 Le plus sûr.
2430 Voile
Mettre à la.
2431 Voilier.
2435 Matelot.
2436 Egard.
2437 Vente
De bon débit.
2438 Sel, saler.
2439 Salpêtre.
2450 Poisson salé.
2451 Montrer.
2453 Rétrécir.
2456 Sicilien.
2457 Malade (ie).
2458 Côté, bord.
2459 Vue.
2460 Signe (er, ature)
2461 Signal (er).
2463 Se distinguer.
2465 Signification.
2467 Soie.
2468 Depuis, puisque
2469 Sincère (ment).
2470 Sinécure.
2471 Seul, simple.
2473 Couler bas.
2475 Six (ième).
2476 Grandeur.
2478 Adresse, adroit.
2479 Peau (x),
2480 Ciel, cieux.
2481 Largue (mou, le mou).
2483 Mollir.
2485 Oblique (r).
2486 Sur son axe.
2487 Sloop.
2489 Lent (ement).
Lenteur.
2490 Smack.
2491 Petit.
2493 Plus petit.
2495 Le plus petit.
2496 Odeur, sentir.
2497 Frauder.
2498 Contrebandier.
2501 Neige (r).
2503 Ainsi, aussi.

2504 Savon.
2506 Soldat.
2507 Quelque, des, du.
2508 Quelqu'un.
2509 Quelquefois.
2510 Bientôt.
2513 Plutôt.
2514 Le plus tôt.
2516 Environner.
2517 Plan, vue,
Expertise (r).
Visite (r).
Relèvement.
2518 Suspect.
2519 Dominer (ation.)
2530 Suédois.
2531 Houle, enfler.
2534 Vite (esse).
2536 Nager.
2537 Perrier.
2538 Amure, bordée,
Virer de bord.
2539 Prendre.
2540 Parler.
2541 Suif.
2543 Goudron.
2546 Prélat.
2547 Tarif.
2548 Impôt (sition).
2549 Thé.
2560 Ennui (yeux).
2561 Télégraphe.
2563 Dire.
2564 Temporaire.
2567 Approfondir.
2568 Tendre (ance).
2569 Offre (ir).
2570 Que, de
2571 Remercier.
2573 Ce, cela.
2574 Dégel (er).
2576 Le, les, la.
2578 Leur, le leur.
2579 Eux, ils, elles, les.
2580 Eux,
elles-mêmes.
2581 Alors.
2583 Delà, dès-lors.
2584 Là, en ce lieu, le dedans, il y, en cela.
2586 Par là.
2587 Par ce moyen.

2589 Ainsi.
C'est pourquoi.
2590 Thermomètre.
2591 Ces, ceux, celles
2593 Volée.
2594 Volontaire
Volontairement
2596 Vote (r).
2597 Pièce à l'appui.
2598 Voyage.
2601
2503 Définitif (en).
2504 Sur arbitre.
2505 Incapable.
2507 Non prévenu.
2508 Unanime (ité).
2609 Inévitable.
2610 Dépourvu (au).
2613 Détacher.
2614 Dépasser.
2615 Incertain (itude)
2617 Mal à son aise.
2618 Extraordinaire.
2619 Découvrir.
2630 En-dessous.
2631 Indécis.
2634 Subir.
2635 Sous, dessous, au-dessous, par-dessous.
2637 Sous vendre.
2638 Comprendre.
2639 Entreprendre.
2640 Sous voile.
2641 Assurer (ance).
2643 Assureur.
2645 Non découvert.
2647 Défaire.
2648 Indubitable
Indubitablemt.
2649 Inquiet (tude.)
2650 Sans emploi.
2651 Inégal,
Sans égal.
2653 Raboteux.
2654 Inattendu.
2657 Sans fond.
2658 Quai (frais de).
2659 Quelque, tout ce que.
2670 Froment.
2671 Quand.
2673 D'où.
2674 Où, partout où.
2675 Pourquoi, c'est.

PAVILLON DU TÉLÉGRAPHE

Hissé sur tout autre mât.

2678 Soit que.
2679 Que, lequel, qui, ce que.
2680 Pendant.
2681 Blanc.
2683 Qui, que.
2684 Entier ement).
2685 Dont, à qui.
2687 Pourquoi
2689 Large (eur), Largement.
2690 Epouse.
2691 Vouloir.
2693 Ne veux (ou ne veut) pas.
2694 Vent.
2695 Au vent.
2697 Vin.
2698 Hiver (ner).
2701 Fil de fer.
2703 Désir (er).
2704 Avec.
2705 Dedans (en).
2706 Hors, sans, Dehors.
2708 Bois (en).
2709 De laine.
2710 Etoffe de laine.
2713 Parole.
2714 Travail (er). Louvoyer.
2715 Ouvrier.
2716 Ver (vermoulu)
2718 Pire, pis.
2719 Digne (ment).
2730 Accnmuler Accumnlation.
2731 Exact (ement) Exactitude.
2734 Accuser (ation).
2735 Accoutumer.
2736 Reconnaître.
2738 Apprendre.
2739 Acquitter (s'en).
2740 Acte, agir.
2741 Action, combat.
2743 Actif (vité).
2745 Actuel (ment).
2746 Faire agir.
2748 Adapter.
2749 Ajouter.
2750 Addition (nel).
2751 Adresse (r).
2753 Egal.
2754 Adhérer (ence).
2756 Anchois.
2758 Et puis.
2759 Colère (en).
2760 Petit baril.
2761 Annexer.
2763 Annoneer.
2764 Incommode Incommdement.
2765 Annuel (lement).
2768 Annuller.
2769 Un autre.
2780 Réponse (dre).
2781 Anticiper.
2783 Inquiet (ude).
2784 Aucun.
2785 Vite.
2786 A part.
2789 Apparent Apparemment.
2790 Apparaux.
2791 Appel (er).
2793 Paraître.
2794 Application.
2795 Appliquer, Applicable).
2796 Nommer.
2798 Emploi (yer.)
2801 Craindre (tif).
2303 Apprenti.
2804 Approcher (qu'on peut).
2805 Propre. Approprier.
2806 Approuver. Approbation.
2807 Informer (ation)
2809 Avril.
2810 Arbitre (er).
2813 Etes, sommes.
2814 Argument (er).
2815 Provenir.
2816 Baril.
2817 Troquer.
2819 Base.
2830 Batterie.
2831 Barrots.
2834 Baie.
2835 Etre, soyez.
2836 Plage.
2837 Bau (x).
2839 Haricot.
2840 Porter, rester.
2841 Parce que.
2843 Devenir.
2845 Lit.
2846 Bœuf.
2847 Bière.
2849 Avant.
2850 Prier.
2851 Commence. Commencement
2853 Derrière (par).
2854 Croire (yance).
2856 Appartenir.
2857 Au-dessous de, en bas.
2859 Etalinguer. Courber.
2860 Outre, d'ailleurs
2861 Commander.
2863 Le meilleur, Le mieux.
2864 Mieux, meilleur
2865 Entre.
2867 Soyez sur vos gardes.
2869 Au-delà.
2870 Ordonner.
2871 Gros.
2873 Plus gros.
2874 Plafond.
2875 Mémoires.
2876 Lier.
2879 Noir (cir).
2890 Blâme (r).
2891 Couverture.
2893 Souffler.
2894 Franc Franchement.
2895 Capable.
2896 Spacieux.
2897 Cap.
2901 Capital.
2903 Capitaine.
2904 Capteur.
2905 Capturer.
2906 Soin.
2907 Carène (er).
2908 Attentif (on).
2910 Indifférent Indifférence.
2913 Cargaison.
2914 Charpentier.
2915 Caronade.
2916 Porter.
2917 Cartel.
2918 Cartouches.
2930 Caisse (cas.)
2931 Argent comptant.
2934 Barrique.
2934 Attraper.
2936 Bétail.
2937 Cause (r).
2938 Circonspection.
2940 Circonspect.
2941 Cesser.
2943 Censure.
2945 Certain (itude).
2946 Certificat.
2947 Certifier.
2948 Froisser.
2950 Chaîne.
2951 Craie.
2953 Change (r).
2954 Hasard.
2956 Chenal (rablure)
2957 Caractère (isé).
2958 Charge (r).
2660 Carte.
2961 Chasse (donner).
2963 Bon marché.
2964 Meilleur marché.
2965 Le *idem*.
2967 Confondre. Confusion.
2968 Conjecture (r).
2970 Consentir (ment)
2971 Conséquence.
2973 Considérer Considération.
2974 Discret (ion).
2975 Consigner Consignation.
2976 Consister.
2978 Conséquent.
2980 Constant (ance).
2981 Construire Construction.
2983 Consul.
2984 Consulter Consultation.
2985 Contagion. Contagieux.
2986 Contenir.
2987 Continent (al).
3012 Continuer Continuation.
3014 Contrebande.
3015 Contrat (cter).
3016 Fournisseur.
3017 Contredire Contradiction.
3018 Contradictoire.

PAVILLON DU TÉLÉGRAPHE

Hissé sur tout autre mât.

3019 Contraire
Contrairement.
3021 Imaginer (ation)
3024 Contribuer
Contribution.
3025 Convalescent.
Convalescence.
3026 Commode (ité).
3027 Conserver
Conservation.
3028 Transport (er).
3029 Convaincre.
3041 Déférer (ence),
3042 Défectueux.
3045 Défini (tif).
3046 Frauder.
3047 Défrayer.
3048 Degré.
3049 Retard (er).
3051 Délibérer (ation)
3052 Délivrer (ance).
3054 Demande (r).
3056 Hésiter (*jours de planche*).
3057 Indiquer.
3058 Nier (dénier).
3059 Partir Départ.
3061 Département.
3062 Profondeur.
3064 Délegué (er)
Délegation.
3065 Dépendre (ance)
3067 Priver (ation).
3068 Dériver (ation).
3069 Décrire.
3071 Description.
3072 Mériter.
Méritoirement.
3074 Dessein (avec).
3075 Désir (er).
3076 Destiner (ation).
3078 Détruire.
3079 Détacher (ment)
3081 Détail (ler).
3082 Dû.
3084 Pendant.
3085 Durée (able).
3086 Brune (la).
3087 Devoir. (*droits de douane*).
3089 Chaque.
3091 Empressé.
Empressement.
3092 Plus tôt.
3094 Le plus tôt.

3095 De bonne heure.
3096 Instance (avec)
3097 Faïence.
3098 Aisément.
3102 Plus facile.
3104 Le plus facile.
3105 Marchandises des Indes-Orientales.
3106 Manger (bon à).
3107 Eclipse (r).
3108 Bord.
Tranchant.
3109 Edit.
3120 Efficace.
3124 Effectif (vement)
3125 Effort.
3126 Huit (ième).
3127 L'un et l'autre.
3128 S'écouler.
3129 Dents d'éléphant
3140 Eligible.
3142 Autrement.
3145 Embarquer
Embarquement.
3146 Embargo.
3147 Embarras (ser).
3148 Dissiper (ation).
3149 Embrasser.
3150 Expliquer.
Explication.
3152 Export (er).
3154 Exprimer.
3156 Eteindre.
3157 Extra.
3158 Extraire (action)
3159 Extraordinaire.
3160 Extravagant.
3162 Extrême (ité).
3164 OEil (yeux).
3165 Témoin oculaire
3167
3168 Fait.
3169 Manquer.
3170 Non réussite.
3172 Tomber.
3174 Faux.
3175 Loin.
3176 Adieu.
3178 Plus loin.
3179 Le plus éloigné.
3180 Vite, ferme.
3182 Fermer.
3184 Plus vite.
Plus ferme.

3185
3186 Le plus vite.
3187 Gras.
3189 Brasse.
3190 Fatigue (r).
3192 Favorable
Favorablement.
3194 Faute.
3195 Peur, craindre.
3196 Plumes.
3197 Février.
3198 Sentir.
3201 Félonie.
3204 Gagne (r).
3205 Grain.
3206 Galop (er).
3207 Passe avant.
3208 Garnison.
3209 Prison.
3210 Gazette.
3214 Général (ment).
3215 Monsieur.
3216 Naturel.
3217 Géographie
Géographique.
3218 Genève.
3219 Allemand.
3240 Obtenir.
3241 Don (ner).
3245 Plaisir (avec).
3246 Verre.
3247 Gants.
3248 Aller.
3249 Chèvre.
3250 Or.
3251 Bonté.
3254 Gouverneur.
3256 Gouvernement.
3257 Gracieux.
3258 Bled.
3259 Concéder (ssion)
3260 Raisins.
3261 Accrocher.
3264 Graisse (r).
3265 Grand (eur).
3267 Verd (âtre).
3268 Gris (âtre).
3269 Grief.
3270 Epicerie.
3271 Terre (mettre à).
3274 Croître.
3275 Garde (er, ien).
3276 Garantir (ie).
3278 Canot de ronde.
3279 Vaisseau de garde

3280 Comment.
3281 Cependant.
3284 Serrer.
3285 Ponton.
3286 Coque.
3287 Hâte (r).
3289 Nuire (sible).
3290 Glace.
3291 Idée (al).
3294 Si, pourvu que.
3295 Ignorant (ance).
3296 Mal (ade, ie).
3297 Illégal.
3298 Imaginer.
3401 Imiter.
3402 Peu important.
3405 Immédiat.
Immédiatement.
3406 Impartial (ité).
3407 Impatient (ence)
3408 Imparfait.
3409 Impertinent.
3410 Signifier.
3412 Importer (ation)
3415 Impliquer.
3416 Impossible.
Impossibilité.
3417 Presser.
3418 Imprudent.
Imprudence.
3419 En, dans,
Dedans.
3420 Impuissance.
3421 Inexacte (itude)
3425 Disproportionné
3426 Inadvertence.
3427 Incapable.
3428 Pouce.
3429 Incliner (aison).
3430 Inclure (sif).
3451 Incommode (ité
3452 Garder.
3456 Petit baril.
3457 Soude.
3458 Ketch.
3459 Clef.
3460 Tuer.
3461 Roi (vaisseau du)
3462 Cour du banc de la Reine).
3465 Genou.
3467 Connaître.
3468 Connaissance.
3469
3470 Travail (ler).

PAVILLON DU TÉLÉGRAPHE

Hissé sur tout autre mât.

3471 Lacet.
3472 Charger.
3475 Dame.
3476 Terre (mettre à)
3478 Atterrage.
3479 Clos.
3480 Amers.
3481 Fanal.
3482 Laps de temps.
3485 A babord.
3486 L'amure à bord.
3487 Large (eur).
3489 Plus large.
3490 Le plus large.
3491 Amarrer (age).
3492 Dernier (ement)
3495 Tard.
3496 Voile latine.
3497 Latitude.
3498 Récent.
3501 Lancer.
3502 Mettre en panne
3504 Conduire.
3506 Voie d'eau
Faire de l'eau.
3507 Coulage.
3508 Apprendre.
3509 Le moindre.
3510 Cuir.
3512 Congé.
3514 Récif.
3516 Marée qui porte sous le vent.
3517 Sous le vent.
3518 Dérive.
3519 Mai.
3520 Moi.
3521 Vil, bas (esse).
3524 En attendant.
3526 Mesure (er).
3527 Médecine.
3528 Rencontrer.
3529 Memorandum.
3540 Membre.
3541 Racommoder.
3542 Mention (er).
3546 Mercantile.
3547 Négociant.
3548 Marchandise.
3549 Seulement.
3560 Méridien.
3561 Message.
3562 Méthode.
3564 Milieu (au).
3567 Minuit.
3568 Milieu du vaisseau.
3569 Aspirant.
3570 Pourvoir.
3571 Lait (eux).
3572 Million.
3574 Se rappeler.
3576 Attentif.
3578 Minute.
3579 Mal.
3580 Induire en erreur.
3581 Manquer.
3582 Méprise.
3584 Mal entendre (u)
3586 Modérer (ation).
3587 Mélasse.
3589 Molle.
3590 Lundi.
3591 Argent.
3592 Monopole.
3594 Occasion (er).
3596 Occasionnel
Occasionnellemt
3597 Survenir.
3598 Octobre.
3601 Singulier
Singulièrement.
3602 Ecomie (iser).
3604 Au large, de, des, du.
A la hauteur.
3605 Offre (offrir).
3607 Officiel (lement)
3608 Le large.
3609 Souvent.
3610 Plus souvent.
3612 Huile (eux).
3614 Omettre (ission)
3615 Sur, dessus.
3617 Un, une fois.
3618 Seulement.
3619 Ouvrir.
3620 Opium.
3621 Opinion.
3624 Opposer.
3625 Opposition.
3627 Ou, ou bien.
3628 Orchille.
3629 Orange.
3640 Origine (al).
3641 Ordre.
3642 Autre.
3645 Autrement
3647 Pardessus (sur).
3648 A la mer.
3649 Couvert.
3650 Visiter.
3651 Par-dessus la tête.
3652 Entrouir.
3654 Ravir.
3657 Surcharger.
3658 Porte-faix.
3659 Portugais.
3670 Position.
3671 Positif.
3672 Posséder.
3674 Possession (eur)
3675 Possible (ilité).
3678 Poster.
3679 Poste aux lettres.
3680 Port de lettres.
3681 P. M. après midi
3682 Remettre.
Rémise (ion).
3684 Post-scriptum.
3685 Pommes de terre
3687 Volaille.
3689 Livre.
3690 Poudre.
3691 Pouvoir.
3692 Pratiquer.
3694 Praticable.
3695 Pratique.
3697 Prier.
3698 Prière.
3701 Prédominer.
3702 Préférer.
3704 Préférable (nce)
3705 Préjudice.
Préjugé.
3706 Prime.
3708 Préparer.
3709 Préparation.
3710 Préparatif.
3712 Présence.
3714 Présent (er).
3715 Bientôt.
3716 Preserver (ation)
3718 Presse (sion).
3719 Dominant.
3720 Empêcher
Empêchement.
3721 Auparavant.
3724 Prix.
3725 Se rappeler.
3726 Recommander (ation).
3728 Réconcilier.
Réconciliation.
3729 Reconnaissance
3740 Recouvrir
Recouvrement.
3741 Recourir.
3742 Recours.
3745 Rectifier.
3746 Recouvrable.
3748 Rouge (âtre).
3749 Redresser.
3750 Réduire (ction)
3751 Ris (prendre).
3752 Tour de loch.
3754 Passer une manœuvre.
3756 Réferrer.
3758 Référence.
3759 Raffiner (ment).
3760 Radouber.
3761 Réformer.
3762 Rafraîchir.
3764 Restituer.
3765 Refus (er).
3768 Regard (er).
3769 Régiment (de).
3780 Enregistrer
Enregistrement
3781 Regret.
3782 Régulier (arité).
3784 Régler (ement).
3785 Réintégrer.
3786 Relater (if, ion).
3789 Elargir.
3790 Sauvetage.
3791 Echappatoire.
3792 Salut.
3794 Même.
3795 Echantillon.
3796 Sable (oneux).
3798 Banc de sable.
3801 Satisfaction.
3802 Satisfaire.
3804 Samedi.
3805 Sauver.
3806 Scie, scier.
3807 Dire.
3809 Bois d'échantillon.
3810 Rare (té).
3812 Goelette.
3814 Schédule.
3815 Schuyt.
3816 Ecossais.
3817 Gratter.

PAVILLON DU TÉLÉGRAPHE

Hissé sur tout autre mât.

3819 Gratte.
3820 Crible (er).
3821 Vis (ser).
3824 Espalmer.
3825 Fuir la lamme.
3826 Scorbut.
3827 Saborder.
3829 Mer.
3840 Sceau
Veau marin.
3841 Marin.
3842 Port de mer.
3845 Belle dérive.
3846 Couture.
3847 Siége (r).
3849 Recherche (r).
3850 Saison (de).
3851 Seconde (r).
3852 Secret (en).
3854 Assurer (s').
3856 Voir.
3857 Semence.
3859 Secrétaire.
3860 Paraître.
3861 Fâché.
3862 Espèce.
3864 Sonde (r) (*sain*).
3865 Sud (au).
3867 Espagnol.
3869 Espar.
3870 Epargner.
3871 Parler.
3872 Espèce.
3874 Spéculer (ation).
3875 Spermaceti.
3876 Epices.
3879 Esprits.
3890 Fendre.
3891 Embossure
Source d'eau.
Printemps.
3892 Escadre.
3894 Grain.
3895 Carré.
3896 Gouverner.
3897 Etoile (è).
3901 Tribord.
3902 L'amure à tribord.
3904 Partir, céder.
3905 Etat, constater
3906 Poste, position.
3907 Douve.
3908 Rester.
3910 Voile d'étai.
3912 En arrière.
3914 Le plus en arrière.
3915 Tranquille.
néanmoins.
3916 Approvisionnement.
Fonds public.
3917 Agiotage.
3918 Pierre (eux).
3920 Arrêter.
3921 Bonne provision
3924 Magasin.
3925 Place en magasin.
3926 Orage
Prendre d'assaut
3927 Poêle
3928 Ils, elles, on.
3940 Epais (seur).
3941 Maigre.
3942 Chose.
3945 Penser.
3946 Troisième.
3947 Ce, cet.
3948 Ceux.
3950 Quoique.
3951 Pensée.
3952 Mille
3954 Fil (er).
3956 Menacer.
3957 Trois.
3958 A travers.
3960 Jeudi.
3961 Ainsi.
3962 Marée.
3964 Serré.
3965 Jusques, jusqu'à
3967 Membres.
3968 Temps (à).
3970 Chronomètre.
3971 A (trop).
3972 Tabac.
3974 Ensemble.
3975 Passable.
3976 Demain.
3978 Tonneau (age).
3980 Hune.
3981 Mât de hune.
3982 Hunier.
3984 Total (ement).
3985 Toucher.
3986 Remorquer.
3987 Envers, vers.
4012 Ville.
4013 Route.
4015 Métier.
4016 Trafic.
4017 Transiger
Transaction.
4018 Transférer.
4019 Défavorable.
4021 Inachevé.
4023 Imprévu.
4025 Malheureux.
4026 Déployer.
4027 Sain et sauf.
4028 Union Jack.
4029 Unir (té).
4031 Univers (sel).
4032 Inexcusable.
4035 Illégal (ité).
4036 A moins que.
4037 Décharger.
4038 Non maniable.
4039 Désaffourcher.
4051 Non préparé.
4052 Sans protection.
4053 Dépasser.
4056 Dégréer.
4057 Dangereux.
4058 Hors de service.
4059 Incertain.
4061 Démonter.
4062 Jusqu'à ce que.
4063 Jusqu'à.
4065 Rare (ment).
4067 Debout.
4068 En-dessus, sur.
4069 Par-dessus.
4071 Le plus haut.
4072 Droit (ure).
4073 Chavirer.
4075 Au delà.
4076 Nous.
4078 User (age).
4079 Utile (ité).
4081 Inutile (ité).
4082 Ordinaire (ment)
4083 Voudrait.
4085 Blesser.
4086 Naufrage (faire)
4087 Ecrire.
4089 Tort (faire).
4091
4092 Yacht.
4093 Vergue.
4095 Bitord.
4096 Embarder (ée).
4097 Yole.
4098 An (nuel).
4102 Jaune.
4103 Oui.
4105 Hier.
4106 Pourtant.
4107 Vous.
4108 Votre.

Voir *supplément*.

SUPPLÉMENT A LA PARTIE VI.

NOTA. — *Jusqu'à nouvel avis, ce supplément ne servira que pour la correspondance entre les* NAVIRES FRANÇAIS EXCLUSIVEMENT.

PAVILLON DU TÉLÉGRAPHE

Hissé sur tout autre mât.

4109 Abaisser.
4120 Abatée.
4123 Abdiquer.
Abdication.
4125 Abeille.
4126 Abîme.
4127 Abjurer (ation).
4128 Abois.
4129 Abominable.
4130 Aboucher.
4132 Aboutir.
4135 Abreuver.
4136 Abroger (ation).
4137 Abrutir.
4138 Absorber (ption)
4139 Absoudre.
Absolution.
4150 Abstenir (inence)
4152 Académie.
4153 Acariâtre.
4156 Accabler.
4157 Acastellage.
4158 Accélérer (ation)
4159 Accent.
4160 Acclimater.
4162 Accolade.
4163 Accoler.
4165 Accoucher.
Accouchement.
4167 Accoupler.
4168 Accourir.
4169 Accréditer.
4170 Accroc.
4172 Accroître.
Accroissement.
4173 Accueil (lir).
4175 Acculer.
4176 Accore.

4178 Acerbe.
4179 Acharner.
4180 Achat.
4182 Achever.
4183 Acide (ité).
4185 Acier.
4186 Acre.
4187 Acrimonie.
4189 Acteur (rice).
4190 Adjoindre.
4192 Adjuger.
4193 Adjurer (ation).
4195 Adopter (ion).
4196 Adorer (ation).
4197 Adosser.
4198 Adoucir.
4201 Adulation.
4203 Adultérer.
4205 Affable.
4206 Affaler.
4207 Affamer.
4208 Affection (ner).
4209 Affiche (r).
4210 Affidé.
4213 Affilier (ation).
4215 Affinité.
4216 Affirmer.
4217 Affranchir.
Affranchissem^t^.
4218 Affreter (ment).
4219 Affreux.
Affreusement.
4230 Agile.
4231 Agneau.
4235 Agrandir.
Agrandissement
4236 Agréer (ment).
4237 Agrès.

4238 Agresseur.
4239 Aigle (on).
4250 Aigrir (eur).
4251 Aimer.
4253 Ajourner (ment)
4256 Albâtre.
4257 Alibi.
4258 Aliter.
4259 Allaiter.
4260 Allégresse.
4261 Allumer.
4263 Allouette.
4265 Alourdir.
4267 Altesse.
4268 Altier.
4269 Amariner.
4270 Amasser.
4271 Amateur.
4273 Ambigu (ité).
4275 Ambition (ner).
4276 Améliorer
Amélioration.
4278 Amende.
4279 Amertume.
4280 Ameublir.
4281 Ameuter.
4283 Amnistie (r).
4285 Amollir.
4286 Amonceler.
Amoncelment.
4287 Amour (eux).
4289 Amovible.
4290 Amphibie.
4291 Amputer (ation).
4293 Analyse (er).
4295 Ananas.
4296 Anarchie.
4297 Anatomie.

4298 Ange (lique).
4301 Angoisse.
4302 Animal.
4305 Animation.
4306 Animosité.
4307 Anniversaire.
4308 Anonyme.
4309 Antidote (er).
4310 Antipathie.
4312 Apathie.
4315 Aplanir.
4316 Aplomb.
4317 Apogée.
4318 Apologie.
4319 Apoplexie.
4320 Apostille (er).
4321 Apothicaire.
4325 Apôtre.
4326 Apparat.
4327 Appât.
4328 Appauvrir.
4329 Appétit.
4350 Applaudir.
Applaudissem^t^.
4351 Apprivoiser.
4352 Après-demain.
4356 Aqueduc.
4357 Arborer.
4358 Arbre.
4359 Arc boutant.
4360 Arche (vêque).
4361 Architecte (ure)
4362 Archives.
4365 Arcasse.
4367 Archipompe.
4368 Arithmétique.
4369 Armoire.
4370 Arpent (er).

PAVILLON DU TÉLÉGRAPHE

Hissé sur tout autre mât.

4371 Arracher.
4372 Arraisonner.
Arraisonnement
4375 Arrogance.
4376 Arroger (s').
4378 Arroser (ion.)
4379 Art (ifice).
4380 Articuler (ation)
4381 Artillerie (leur).
4382 Artimon.
4385 Asile.
4386 Asphalte.
4387 Asphixie (é).
4389 Aspirer (ant).
4390 Assailler.
4391 Assainir.
4392 Assassin (er, at)
4395 Assaut.
4396 Assimiler (ation)
4397 Assoupir.
4398 Assujétir.
Assujétissement.
4501 Astre.
4502 Astrolabe.
4503 Atelier.
4506 Atmosphère.
4507 Atroce (ité).
4508 Attaque (er).
4509 Attente (er, at).
4510 Attérir (age).
4512 Audace (ieux).
4513 Aujourd'hui.
4516 Aumône (ier).
4517 Aune (age).
4518 Auspice.
4519 Aussière.
4520 Autant.
4521 Autel.
4523 Autocrate.
4526 Autrefois.
4527 Auxiliaire.
4528 Avaler.
4529 Avanie.
4530 Avant-poste.
4531 Avare (ice).
4532 Aveu.
4536 Aveugle (r).
4537 Avide (ment).
4538 Avilir.
Avilissement.
4539 Avitailler (ment)
4560 Avocat.
4561 Avoisiner.
4562 Avorter.
4563 Avouer.
4567 Axe
4568 Bail (ler).
4569 Bain.
4570 Balais (yer).
4571 Bannir.
Bannissement.
4572 Baraterie.
4573 Barbare (ie).
4576 Barbe (ier).
4578 Bataille (er, on).
4579 Bateau à vapeur
4580 Bâtir (iste).
4581 Battre.
4582 Bazar.
4583 Beauté.
4586 Bercer (au).
4587 Bible.
4589 Bienfaire (ait)
4590 Bienveillance.
4591 Bijou (terie).
4592 Bivouac.
4593 Bizarre.
4596 Blanchir (ssage)
4597 Blocus (quer)
4598 Boire (sson).
4601 Bonifier.
4602 Bouche.
4603 Bouillir.
4605 Boulanger.
4607 Bouline (r, eur).
4608 Bouquet.
4609 Bourgeois (ie).
4610 Bourasque.
4612 Briguer.
4613 Briller.
4615 Brimbale.
4617 Brion.
4618 Broyer.
4619 Bulletin.
4620 Bureau.
4621 Cabestan.
4623 Calomnier.
4625 Capituler (ation)
4627 Carguer.
4628 Carlingue.
4629 Carlahu.
4630 Caserne (er).
4631 Casuel.
4632 Cataracte.
4635 Catastrophe.
4637 Cavalerie.
4638 Cavalier.
4639 Ceintrer.
4650 Célèbre (r).
4651 Cent (aine).
4652 Centimètre.
4653 Chalan.
4657 Chance (eux).
4658 Chant (er, eur).
4659 Charte.
4670 Chaudière.
4671 Chemin de fer.
4672 Chétif.
4673 Cheval.
4675 Chien.
4678 Chimère (rique)
4679 Chimie (ique).
4680 Cingler (age).
4681 Citadelle.
4682 Citerne.
4683 Citoyen.
4685 Clocher.
4687 Cœur.
4689 Coin (cer).
4690 Complot.
4691 Concentrer.
Concentration.
4692 Concevoir.
Conception.
4693 Concilier (ation)
4695 Condescendre.
Condescendance
4697 Confesser (ion).
4698 Conforter (able)
4701 Congrès.
4702 Conjurer (ation)
4703 Connaissement.
4705 Conquête (rir)
4706 Consommer
Consommation.
4708 Consomptif.
4709 Consterner.
Consternation.
4710 Constituer (tion
4712 Contrôle (er)
Contrôleur.
4713 Controuver.
4715 Convertir (sion)
4716 Convive.
4718 Cordonnier.
4719 Corrosif (ion).
4720 Cortès.
4721 Couronne (r).
4723 Courrier.
4725 Courtoisie.
4726 Créer.
4728 Creuser (ment).
4729 Cuire.
4730 Cultiver (ation).
4731 Curieux (osité).
4732 Cygne.
4735 Débarcadour.
4736 Débouquer.
Débarquement.
4738 Débours (er).
4739 Débusquer.
4750 Débuter.
4751 Décomposer.
Décomposition.
4752 Décorer (ation).
4753 Décréditer.
4756 Décrire.
4758 Décroître.
Decroissement.
4759 Dédain (gner).
4760 Dédommager.
Dédommagemt.
4761 Défi.
4762 Défoncer (ment)
4763 Dégénérer.
4765 Dégoût (er).
4768 Déjeûner.
4769 Delai.
4780 Délaisser (ment)
4781 Délassement.
4782 Délicat (esse).
4783 Démailler.
4785 Démancher.
4786 Démarcation.
4789 Démêler (é).
4790 Démembre.
Démembrement
4791 Démentir (i).
4792 Démériter.
4793 Démesurer.
4795 Démettre.
Démission.
4796 Démolir.
Démolition.
4798 Dénombrer.
Dénombrement
4801 Dénoncer.
Dénonciation.
4802 Dénouer (ment)
4803 Dent (iste).
4805 Départir.
4806 Dépecer (ment)
4807 Dépit.
4809 Déplorer (able).
4810 Déployer (ment)
4812 Déporter (ation)
4813 Déposer (ition).
4815 Dépôt (sitaire).
4816 Dépouiller
Dépouillement.

PAVILLON DU TÉLÉGRAPHE

Hissé sur tout autre mât.

4817 Déprécier.
Dépréciation.
4819 Déralinguer.
4820 Déranger.
Dérangement.
4821 Dérision (oire).
4823 Déroger (ation).
4825 Déroute (er).
4826 Désarroi.
4827 Désastre (eux).
4829 Désavouer.
4830 Descendre te).
4831 Désembarquer.
4832 Déserter (tion).
Déserteur.
4835 Désespoir (érer)
4836 Désobliger.
4837 Désoler (ation).
4839 Désordre.
4850 Désorganiser.
Désorganisation
4851 Désorienter.
4852 Despote.
4853 Destituer (ution)
4856 Destructif (ion).
4857 Désunir (ion).
4860 Détériorer.
Détérioration.
4861 Déteste (ation).
4862 Détour (ner).
4863 Détruire.
4865 Deuil.
4867 Dévaster (tation)
4869 Développer
Développement.
4871 Déverguer.
4872 Dévouer (ment)
4873 Diamant.
4875 Diamètre.
4876 Dieu.
4879 Difforme (r, ité)
4890 Digérer.
4891 Digue.
4892 Dilapider (ation)
4893 Diplomate (ie).
4895 Diplôme.
4896 Discerner
Discernement.
4897 Disculper (ation)
4901 Disette.
4902 Disloquer.
Dislocation.
4903 Disparaître.
Disparition.
4905 Dispenser.

4905 Dispensation.
4906 Disséminer.
Dissémination.
4907 Dissimuler ation
4908 Dissiper (ation).
4910 Dissuader.
4912 Distraire (ction)
4913 Distribuer
Distribution.
4915 Divertir (sion).
4916 Divin (ité).
4917 Divorce (r).
4918 Divulguer.
4920 Docile (ment).
4921 Doigt.
4923 Domicile (lier).
4925 Dominer (ation)
4926 Dompter.
4927 Dormir.
4928 Dot (er, ation).
4930 Douane (ier).
4931 Douceur (ment)
4932 Doux.
4935 Duc (al).
4936 Duchesse.
4937 Dupe (er, rie).
4938 Duvet.
4950 Ebaucher.
4951 Ebène.
4952 Eblouir.
4953 Ebruiter.
4956 Ecarlate.
4957 Ecarter (ment).
4958 Echéance.
4960 Echec.
4961 Echelle (on, ner)
4962 Echo.
4963 Ecluse.
4965 Ecole (ier).
4967 Ecouter.
4968 Ecraser.
4970 Ecrouler (s').
4972 Education.
4973 Effroi.
4975 Effronterie.
4976 Egarer (ment).
4978 Egayer.
4980 Egorger.
4981 Elaborer (ation)
4982 Elancer (ment)
4983 Elastique (cité.)
4985 Electeur (ion).
4986 Elégant (ce).
4987 Elever (ation).
5012 Elinguer.

5013 Elire.
5014 Elite.
5016 Eloge.
5017 Elonger.
5018 Emanciper
Emancipation.
5019 Emaner (ation).
5020 Embaucher.
5021 Embaumer.
5023 Embellir.
Embellissement
5024 Embouquer.
5026 Embourber.
5027 Embraquer.
5028 Embrasser
Embrassement.
5029 Embrumé.
5030 Embûche.
5031 Emerveiller.
5032 Emigré (ation).
5034 Empâture.
5036 Empennelle (er)
5037 Empiéter (ment)
5038 Empoisonner.
5039 Emporter
Emportement.
5041 Emprisonner.
5042 Emuler (ation).
5043 Encâblure.
5046 Enchanter
Enchantement.
5047 Enclume.
5048 Encombrer
Encombrement.
5049 Endommager.
5061 Endormir.
5062 Endroit.
5063 Enduire (it).
5064 Endurcir.
5067 Enfant (er).
5068 Enfin.
5069 Enflammer.
5071 Enfoncer (ment)
5072 Enfreindre.
5073 Enfuir (s').
5074 Engloutir.
5076 Engourdir.
5079 Engrener. (age)
5081 Enlacer (ment).
5082 Enlever (ment).
5083 Ennemi.
5084 Enoncer.
5086 Enorme.
5087 Enrager.
5089 Enrichir.

5091 Enrôler (ment).
5092 Ensabler (ment)
5093 Ensanglanter.
5094 Ensemencer.
5096 Entail (ler).
5097 Entasser (ment)
5098 Entourer (age).
5102 Entrailles.
5103 Entraîner.
Entraînement.
5104 Entraves (er).
5106 Entrepont.
5107 Entrevue.
5108 Enumérer
Enumération.
5109 Envahir.
Envahissement.
5120 Envassement.
5123 Envelopper.
5124 Envoi.
5126 Envie (r, eux).
5127 Epaule (ment).
5128 Epaves.
5129 Epée.
5130 Epidémie.
5132 Episser (oire).
Epissure.
5134 Epontilles.
5136 Epouvanter
Epouvantable.
5137 Epuiser (ment).
5138 Epurer (ation).
5139 Equarrir.
Equarrissage.
5140 Equilibre (r).
5142 Equiper (age).
5143 Equité (able).
5146 Escale.
5147 Escalade (r).
5148 Escalier.
5149 Escapade.
5160 Escarmouche.
5162 Esclandre.
5164 Esclave (age).
5167 Escompte (r).
5168 Escorte (r).
5169 Escouade.
5170 Escroc (quer).
5172 Espace.
5173 Essence (tiel).
5174 Estomac.
5176 Estrade.
5178 Estropier.
5179 Etain.
5180 Etambot.

PAVILLON DU TÉLÉGRAPHE

Hissé sur tout autre mât.

5182 Etambrais.
5183 Etancher.
5184 Eté.
5186 Etendard.
5187 Eternel (ité).
5189 Etourdir.
5190 Etrangler.
5192 Etude (ier).
5193 Exclure (sion).
5194 Exécrable.
5196 Exercer (ice).
5197 Exhaler. (ation)
5198 Exhiber (ition).
5201 Exhorter (ation)
5203 Exiger (ance).
5204 Exigu (ité).
5206 Exile (er).
5207 Exister (nce).
5208 Exorable.
5209 Exorbitant.
5210 Expatrier.
5213 Expier.
5214 Expirer.
5216 Exploiter (ation)
5217 Explorer (ation)
5218 Explosion.
5219 Exposer (ition).
5230 Expression.
5231 Expulser (ion).
5234 Extase (ier).
5236 Exténuer (ation)
5237 Extérieur
Extérieurement
5238 Exterminer.
Extermination.
5239 Extirper (ation)
5240 Extorquer (sion)
5241 Fabrique (r).
5243 Façon (ner).
5245 Faim.
5246 Famille (ier).
5247 Famine.
5248 Fanon.
5249 Fardage.
5260 Farouche.
5261 Fasciner (ation)
5263 Faste.
5264 Fatal.
5260 Favori (ser).
5268 Félicité (er).
5269 Femme.
5270 Fenêtre.
5271 Ferblanc.
5273 Féroce (ité).
5274 Ferrer (ure).

5276 Fertile (iser.)
5278 Fête (er).
5279 Feuille (age).
5280 Feutrer (age).
5281 Fiancer (çailles)
5283 Fictif (on).
5284 Fidèle (ment).
Fidélité.
5286 Fier (té).
5287 Fissure.
5289 Flamber (eau).
5290 Flatter (eur).
5291 Fléau.
5293 Flèche.
5294 Fléchir.
5296 Flétrir.
5297 Fleur (ir.
5298 Fleuve.
5301 Flexible (ilité).
5302 Flot, flux.
5304 Fol (ie).
5306 Fomenter.
5307 Fonction (ner).
Fonctionnaire.
5308 Fontaine.
5309 Fondre (fonte).
5310 Forer.
5312 Forêt.
5314 Forfait (ure).
5316 Forgeron,
5317 Formel (lement)
5318 Fortifier
Fortification.
5319 Foudre (oyer).
5320 Four.
5321 Franchir.
5324 Frémir.
Frémissement.
5326 Frère.
5327 Frêt (er, eur).
5328 Frontière.
5329 Frustrer.
5340 Fuir (te).
5341 Fumer.
5342 Funérailles.
5346 Furie (eux).
5347 Furtif (vement).
5348 Fusil (er, ade).
5349 Gabare (i).
5360 Gabier.
5361 Gaffe (er).
5362 Gai (ment, té).
5364 Galant (erie).
5367 Galoche.
5368 Galon (er).

5369 Galvanisme.
5370 Gangrène (r).
5371 Garnir (ture).
5372 Gâter.
5374 Gaz (eux).
5376 Gazelle.
5378 Géant.
5379 Gemelle.
5380 Gémir.
5381 Gemme.
5382 Gendarme (rie).
5383 Gêne (er).
5384 Généreux.
5386 Générosité.
5387 Génie.
5389 Génoper.
5390 Genre.
5391 Géomètre (rie).
5392 Gérer.
5394 Gibier.
5396 Gigot.
5397 Gîte (ssement).
5398 Glisser.
5401 Gloire (rieux).
5402 Gondole (ier).
5403 Gonfler (ment).
5406 Gorge.
5407 Goulet.
5408 Goupille (r).
5409 Goupillon (er).
5410 Gournable.
5412 Goût (er).
5413 Grace (ier).
5416 Grade (er).
5417 Gradin.
5418 Graduer (ation).
5419 Gratifier (cation)
5420 Gratitude.
5421 Gratuit.
5423 Graver (ure).
5426 Grave (ité).
5427 Gravier.
5428 Graviter (ation)
5429 Gravir.
5430 Gribanne.
5431 Gronder.
5432 Grossir.
5436 Grue.
5437 Gué (able).
5438 Guérir (ison).
5439 Guérite.
5460 Guirlande.
5461 Guetteur.
5462 Guidon.
5463 Guindeau.

5467 Guinder.
5468 Guinderesse.
5469 Guisson.
5470 Guitare.
5471 Habitacle.
5472 Hameçon.
5473 Hareng.
5476 Harmonie.
5478 Haubran.
5479 Hautain.
5480 Haut bord.
5481 Hectolitre.
5482 Hémisphère.
5483 Hériter (age).
5586 Heuse.
5487 Heurter.
5489 Hideux.
5490 Hilarité.
5491 Histoire.
5492 Homard.
5493 Hommage.
5496 Honneur (orer)
Honorable.
5497 Honte (eux).
5498 Hôpital.
5601 Horizon (tal).
5602 Horreur (ible).
5603 Hospitalité.
5604 Hostile (ité).
5607 Hôte (el).
5608 Houille (ière).
5609 Humain (ement)
5610 Humaniser (té).
5612 Humilier (ation)
5613 Hurler (ment).
5614 Hydrophobie.
5616 Hypocrisie (te).
5618 Hypothèse.
5619 Identité (ique).
5581 Ignoble.
5619 Illuminer (ation)
5620 Illusion (oire).
5621 Illustre (r, ation)
5623 Imbécille (ment)
5624 Immense (ité).
5627 Immerger (sion)
5628 Imminent (ce).
5629 Immiscer (s').
5630 Immobile.
5631 Immoler.
5632 Immonde.
5634 Immoral (ité).
5637 Immortel (alité)
5638 Immuable.
5639 Immunité.

PAVILLON DU TÉLÉGRAPHE

Hissé sur tout autre mât.

5640 Immutabilité.
5641 Impalpable.
5642 Impardonnable.
5643 Impassible.
5647 Impénétrable.
5648 Impénitent.
5649 Impératif.
5670 Impératrice.
5671 Imperceptible.
5672 Impérial.
5673 Impérissable.
5674 Impéritie.
5678 Imperméable.
5679 Impie (été).
5680 Impitoyable.
5681 Implacable.
5682 Implorer.
5683 Impoli (tesse).
Impolitique.
5684 Impopulaire
Impopularité.
5687 Importun (ité).
Importuner.
5689 Imposer (ition).
5690 Impraticable.
5691 Imprenable.
5692 Imprévoyance.
5693 Imprimer.
5694 Improbable.
5697 Impropre.
5698 Impulsion.
5701 Impunité.
5702 Imputer
Imputation.
5703 Inanité.
5704 Incendie (er).
5706 Incompréhensible.
5708 Inconséquent.
Inconséquence.
5709 Incontestable.
5710 Incrédule (ité).
5712 Incroyable.
5713 Inculper (ation).
5714 Incurable.
5716 Incurie.
5718 Indécent.
5719 Indéfini.
5720 Indépendant.
Indépendance.
5721 Indigent (ce).
5723 Indigène.
5724 Indigeste (tion).
5726 Indigne (ité).
5728 Indigner (ation)
5729 Indirect.
5730 Indiscret (tion).
5731 Indispensable.
5732 Indisposer.
Indisposition.
5734 Individu.
Individuel.
5736 Indolent.
Indolence.
5738 Industrie (el).
5739 Inébranlable.
5740 Inéligible.
5741 Inerte (itié).
5742 Inexorable.
5743 Inexpérience.
5746 Inexplicable.
5748 Infanterie.
5749 Infatigable.
5760 Infertile.
5761 Infester.
5762 Infidèle.
Infidélité.
5763 Infiltre (ation).
5764 Inflammable.
5768 Inflexible.
5769 Infliger.
5780 Infraction.
5781 Ingénieur.
5782 Ingénieux.
5783 Ingérer (s').
5784 Ingrat.
Ingratitude.
5786 Inhabitable.
5789 Inhérent (ce).
5790 Inhospitalier.
Inhospitalité.
5791 Inhumain.
5792 Inhumation.
5793 Inimitable.
5794 Inimitié.
5796 Inique (ité).
5798 Initier.
5801 Injure (ier).
5802 Injurieux.
5803 Injuste (ice).
5804 Innavigable.
5806 Innover (ation).
5807 Inoui.
5809 Insalubre (ité).
5810 Insatiable.
5812 Inscrire (ption).
5813 Insecte.
5814 Insérer (tion).
5816 Insidieux.
5817 Insigne.
5819 Insignifiant.
5820 Insinuer.
5821 Insipide.
5823 Insister (ance).
5824 Insolent (ce).
5826 Insolite.
5827 Insoluble.
5829 Insolvable.
5830 Insomnie.
5831 Insouçiant (ce).
5832 Insoutenable.
5834 Inspecter (eur).
Inspection.
5836 Installer (ation)
Installation.
5839 Instaurer.
5840 Instiller (ation).
5841 Instinct (if).
5842 Instituer (tion.)
5843 Insubordination
5846 Insurger (s').
5847 Intelligence.
5849 Intempérance.
5860 Intempérie.
5861 Intempestif.
5862 Intendant (ce).
5863 Intercaler.
5864 Intercéder.
5867 Intéresser.
5869 Interminable.
5870 Intermittent.
5871 Interpeller.
Interpellation.
5872 Interpoler.
Interpolation.
5873 Interposer.
Interposition.
5874 Interrègne.
5876 Interroger.
Interrogation.
5879 Interrompre.
Interruption.
5890 Intimider (ation)
5891 Intimité.
5892 Intolérance.
Intolérable.
5893 Intraitable.
5894 Intrépide.
Intrépidité.
5896 Intrinsèque.
5897 Invalide (r).
5901 Invariable.
5902 Invasion.
5903 Invective.
5904 Invendu (able).
5906 Inventaire.
5917 Investigation.
5908 Investir.
5910 Invincible.
5912 Inviolable.
5913 Invisible.
5914 Involontaire.
5916 Invoquer.
5917 Invraisemblable
5918 Invulnérable.
5920 Irascible.
5921 Ironie (que).
5923 Irraisonable.
5924 Irrecevable.
5926 Irréconciliable.
5927 Irrécusable.
5928 Irremédiable.
5930 Irrésistible.
5931 Irrésolu (tion).
5932 Irresponsable.
5934 Irrévocable.
5936 Irriter (ation).
5937 Irruption.
5938 Isoler.
5940 Itinéraire.
5941 Jable.
5942 Jactance.
5943 Jadis.
5946 Jaillir.
5947 Jaloux (sie).
5948 Jambon.
5960 Jardin.
5961 Jauge (r).
5962 Jetée.
5963 Jeunesse.
5964 Joaillerie.
5967 Joie (yeux).
5968 Joli (ment).
5970 Jouer.
5971 Jouir (ssance).
5972 Journée.
5973 Jours de planche.
5974 Jurer.
5976 Juridiction.
5978 Jus.
5980 Kilogramme.
5981 Kilomètre.
5982 Lac.
5983 Lacérer.
5984 Laconique.
5986 Lacune.
5987 Laid (eur).
6102 Laiton.
6103 Lamaneur.

PAVILLON DU TÉLÉGRAPHE

Hissé sur tout autre mât.

6104 Lambeau.
6105 Lambris.
6107 Lame.
6108 Langue (age).
6109 Langue universelle.
6120 Larme.
6123 Las (ser, itude).
6124 Laurier.
6125 Lazaret.
6127 Leçon.
6128 Légat (ion).
6129 Légion.
6130 Législature.
6132 Légitime.
6134 Legs (uer).
6135 Lendemain.
6137 Léser.
6138 Leste (ment).
6139 Libéral (ité.)
6140 Liberté.
6142 Librairie.
6143 Lice.
6145 Licence.
6147 Ligne.
6148 Ligue (r).
6149 Lime (r).
6150 Lingot.
6152 Liste.
6153 Litharge.
6154 Litige.
6157 Litre.
6158 Livrer (aison).
6159 Local (ité).
6170 Locomoteur.
6172 Logarithme.
6173 Loi (sible).
6174 Loup.
6175 Loyal (ement).
6178 Lugubre.
6179 Luire.
6180 Lumière.
6182 Lutte (r).
6183 Luxe.
6184 Lycée.
6185 Machine.
6187 Mâcon.
6189 Madame.
6190 Mademoiselle.
6192 Madère.
6193 Madrier.
6194 Magistrat.
6195 Magnétique.
6197 Magnifique.
6198 Maille.
6201 Maintien.
6203 Maire.
Mairie.
6204 Maison.
6205 Majesté.
6207 Maladresse.
6208 Maladroit.
6209 Mal fondé.
6210 Malédiction.
6213 Mandat.
Mandataire.
6214 Mander.
6215 Manifeste.
6217 Manipuler.
Manipulation.
6218 Manivelle.
6219 Marabout.
6230 Marais.
6231 Marasme.
6234 Marbre.
6235 Marécage.
6237 Maréchal.
6238 Mari (er).
Mariage.
6239 Martinet.
6240 Martingale.
6241 Martyr.
6243 Masse.
6245 Matois.
6247 Maudire.
6248 Mécanicien.
6249 Mécanique.
6250 Méchant.
6251 Mécompte.
6253 Méconnaître.
6254 Médaille.
6257 Médiation.
6258 Médicamens.
6259 Méditer (ation).
6270 Médire (sance).
6271 Méfait.
6273 Mégarde.
6274 Mélancolie.
6275 Mélange.
6278 Mélasse.
6279 Mêlée.
6280 Mêler.
6281 Mélodie.
6283 Melon.
6284 Mendier.
6285 Mener.
6287 Ménestrel.
6289 Mensonge.
6290 Mensuel.
6291 Menton.
6293 Mercure.
6294 Merlin (er).
6295 Merrain.
6297 Merveille.
6298 Mésaventure.
6301 Mesquin.
6302 Messe.
6304 Métal.
6305 Météore.
6307 Mètre.
6308 Métropole.
6309 Meunier.
6310 Meurtre.
6312 Miel.
6314 Milice.
6315 Militaire.
6317 Minéral.
6318 Ministre.
6319 Minorité.
6320 Miracle.
6321 Mirage.
6324 Mirer (oir).
6325 Misère (able).
6327 Miséricorde.
6328 Missionnaire.
6329 Mitiger (ation).
6340 Mobile (iser).
6341 Mode.
6342 Modeste (ie).
6345 Modique.
6347 Modifier (cation)
6348 Moduler.
6349 Mœurs.
6350 Moisson (ner).
6351 Molester.
6352 Moment.
6354 Monarchie.
6357 Monnoie.
6358 Moniteur.
6359 Monstre.
6370 Montagne.
6371 Monument.
6372 Moral.
Moralité.
6374 Morceau.
6375 Morceler.
6378 Mordre.
6379 Morgue.
6380 Morne.
6381 Morphine.
6382 Mortier.
6384 Mortifier.
6385 Motion.
6387 Moudre.
6389 Moule (er).
6390 Moulin.
6391 Mousse.
6392 Mouton.
6394 Mouvement.
6395 Mugir.
6397 Mulet.
Muletier.
6398 Multiple (ier).
6401 Multitude.
6402 Municipal (ité).
6403 Munificence.
6405 Munir.
6407 Mur (er).
6408 Mur (ir).
6409 Murmure.
6410 Musée.
6412 Musique.
6413 Mutiler (ation).
6415 Mutin (er, erie).
6417 Mystère.
6418 Nacelle.
6419 Nacre.
6420 Naguère.
6421 Nain.
6423 Naître (ssance).
6425 Naïf (veté).
6427 Nantir (ssement)
6428 Nappe.
6429 Narguer.
6430 Narrer (ation).
6431 Natif (vité).
6432 Négrier.
6435 Niais (series).
6437 Nid.
6438 Nitrate.
6439 Nitre.
6450 Niveau.
6451 Noble (esse).
6452 Noel.
6453 Nœud.
6457 Nolis (er).
6458 Non pareil.
6459 Normal.
6470 Notable.
6471 Notaire.
6472 Notice.
6473 Notifier.
6475 Notoire.
6478 Notoriété.
6479 Nouer.
6480 Nourrir.
6481 Novice.
6482 Obstiner.
6483 Océan.
6485 Odieux.

PAVILLON DU TÉLÉGRAPHE

Hissé sur tout autre mât.

6487 OEuf.
6489 OEuvre.
6490 Offenser.
6491 Oie.
6492 Oiseau.
6493 Olive.
6495 Omnipotence.
6497 Ondit.
6498 Onéreux.
6501 Ongle.
6502 Onzième.
6503 Opaque.
6504 Opérer.
Opération.
6507 Ophthalmie.
6508 Opiniâtre.
Opiniatreté.
6509 Opportun (ité).
6510 Oppressif.
6512 Opprimer.
6513 Opprobre.
6514 Option.
6517 Oral (ement).
6518 Ordonnance.
6519 Oreille.
6520 Organe (iser).
6521 Orgueil.
6523 Orient (al).
6524 Orienter.
6527 Orin.
6528 Orme (au).
6529 Orner (ment).
6530 Ortolan.
6531 Os.
6532 Osciller (ation).
6534 Otage.
6537 Oter.
6538 Ouï dire.
6539 Ouie (ir).
6540 Ouragan.
6541 Ourdir.
6542 Ourler.
6543 Ourse.
6547 Outil (ler).
6548 Outrance.
6549 Outremer (d').
6570 Outrer (age).
6571 Ouvert (ure).
6572 Ovale.
6573 Oxide.
6574 Oxigène.
6578 Pacage.
6579 Pacha.
6580 Pacifier.
6581 Pacotille.
6582 Pacte.
Pactiser.
6583 Paille.
6584 Pain.
6587 Pair.
6589 Palais.
6590 Pâlan.
6591 Palissade.
6592 Pallier.
6593 Palpiter.
6594 Pannier.
6597 Panser.
Pansement.
6598 Pantalon.
6701 Pâques.
6702 Parachute.
6703 Parade.
6704 Paradis.
6705 Paradoxe.
6708 Paragraphe.
6709 Paralyser.
6710 Parapet.
6712 Parc.
6713 Parchemin.
6714 Parcourir.
6715 Parcours.
6718 Parenthèse.
6719 Parer.
6720 Paresse.
Paresseux.
6721 Parfaire.
6723 Parfait.
Parfaitement.
6724 Parfois.
6725 Parfum.
Parfumer.
6728 Pari (er).
6729 Parjure
Parjurer.
6730 Paroisse.
6731 Parricide.
6732 Parsemer.
6734 Parterre.
6735 Participer.
Participation.
6738 Parvenir.
6739 Passible.
6740 Passion.
6741 Pasteur.
6742 Paternel.
6743 Patiente (er, ce)
6745 Patriarche.
6748 Patrie.
6749 Patrimoine.
6750 Patriote.
6751 Patron (age).
6752 Patrouille.
6753 Pâture (age).
6754 Paupière.
6758 Pauvre (té).
6759 Paver.
6780 Pavillon.
6781 Pavois (er).
6782 Payer (able).
6783 Péage.
6784 Pélerin (age).
6785 Peloton.
6789 Pénal (ité.)
6790 Pendule.
6791 Pénétrer (able).
6792 Pénible.
6793 Pénitence.
6794 Pension (aire).
6795 Pénurie.
6798 Percale.
6801 Percevoir.
6802 Péremptoire.
6803 Perfection (er).
6804 Perfide (ie).
6805 Péril (leux).
6807 Périodique.
6809 Périr (ssable).
6810 Perle.
6812 Pernicieux.
6813 Perpendiculaire
6814 Perpétuer.
6815 Persécuter.
6817 Persifler (age).
6819 Persister (ance).
6820 Perspectif.
6821 Perspicuité.
6823 Persuader, sion
6824 Perte.
6825 Pertinacité.
6826 Pertinent.
6827 Perturbation.
6829 Pervers (ité).
6830 Peste (iféré).
6831 Pestilent (iel).
6832 Pétrole.
6834 Pétulant.
6835 Peut-être.
6837 Phalange.
6839 Pharmacien.
6840 Phénomène.
6841 Philanthrope ie
6842 Philosophe (ie).
6843 Phrase.
6845 Piéges
6847 Piété (eux).
6849 Piller.
6850 Pin.
6851 Pincer.
6852 Pipe.
6853 Piquer.
6854 Pirogue.
6857 Piston.
6859 Pitié.
6870 Pivot.
Pivoter.
6871 Plaider.
6872 Plane.
Planer.
6873 Plantain.
6874 Plaque.
6875 Platane.
6879 Platine.
6890 Plâtre.
6891 Pleurer.
6892 Plier.
6893 Plonger.
Plongeur.
6894 Poire.
6895 Poison.
6897 Poitrine.
6901 Poivre.
6902 Poli (tesse).
6903 Police.
6904 Politique.
6905 Poltron (erie).
6907 Pompe à feu.
6908 Ponctuel.
6910 Porte-manteau.
6912 Portion.
6913 Portier.
6914 Portrait.
6915 Poser.
6917 Postérieur.
6918 Postérité.
6920 Postuler.
6921 Poteau.
6923 Potentat.
6924 Pourparler.
6925 Pourpre.
6927 Poussière.
6928 Préalable.
6930 Précaution.
6931 Précéder.
6932 Préciser.
6934 Précurseur.
6935 Prédestiner.
6937 Prédéterminer.
6938 Prélat.
6940 Prélever.
Prélèvement.

PAVILLON DU TÉLÉGRAPHE

Hissé sur tout autre mât.

6941 Préliminaire.
6942 Prématuré.
6943 Préméditer.
6945 Prémunir.
6947 Prénom.
6948 Préoccuper.
6950 Préposer.
6951 Prérogative.
6952 Prescrire.
Prescription.
6953 Présentement.
6954 Présider.
Présidence.
6957 Presqu'île.
6958 Pressentir ment
6970 Prestige.
6971 Présumer (able)
6972 Prétendre.
6973 Prétendant.
6974 Prête-nom.
6975 Prétention.
6978 Prétexte.
6980 Prétoire.
6981 Prêtre.
6982 Prévaloir.
6983 Prévariquer.
Prévarication.
6984 Prévenant (ce).
6985 Prévenu (tion).
6987 Prévôt (al).
7012 Prime.
7013 Primitif.
7014 Primo.
7015 Principe.
7018 Privilége.
7019 Probité.
7021 Problème.
7023 Procédé.
7024 Procès.
7025 Procession.
7026 Proclamer.
Proclamation.
7028 Procurateur.
7029 Prodigalité.
7031 Prodige (ieux).
7032 Prodiguer.
7034 Produire.
7035 Produit (ction).
7036 Profaner.
7038 Professeur.
Profession.
7039 Profusion.
7041 Progrès (sif).
7042 Prohiber (ition)
7043 Proie.
7045 Prolonger.
Prolongation.
7046 Promener.
7048 Promontoire.
7049 Promotion.
7051 Prompt (itude).
7052 Promulguer.
7053 Propager.
7054 Prophète.
7056 Propice.
7058 Propos (à).
7059 Proroger.
Prorogation.
7061 Proscrire.
Proscription.
7062 Prospère (r.)
Prospérité.
7063 Prosterner.
7064 Prostration.
7065 Protestant.
7068 Protocole.
7069 Proue.
7081 Proverbe.
7082 Province.
7083 Provision.
7084 Provisoire.
7085 Provoquer.
Provocation.
7086 Proximité.
7089 Pudeur.
7091 Puer.
7092 Puérile.
7093 Puiser.
7094 Pulmonaire.
7095 Pulsation.
7096 Punir (tion).
7098 Pur.
Pureté.
7102 Purifier (cation)
7103 Putréfier.
Putrification.
7104 Putride (ité).
7105 Pyramide (al).
7106 Qualifier.
Qualification.
7108 Qualité.
7109 Quelconque.
7120 Quiconque.
7123 Quincaillerie.
7124 Rabais (ser).
7125 Rabot (er).
7126 Rachat (eter).
7128 Racine.
7129 Raconter (eur).
7130 Radoub (er).
7132 Radoucir.
7134 Rafale.
Rafaler.
7135 Ragréer.
7136 Raide (ir).
7138 Railler (rie).
7139 Rainure.
7140 Ralentir.
Ralentissement
7142 Ralinguer.
7143 Rallier (ment).
7145 Rallonge (r).
Rallongement.
7146 Rallumer.
7148 Ramas (ser).
7149 Ramper.
7150 Rançon (er).
Rançonnement.
7152 Rancune.
7153 Ranimer.
7154 Rapide.
7156 Rapine.
7158 Rapprocher.
Rapprochement
7159 Raser.
7160 Rassembler
Rassemblement
7162 Rassurer.
7163 Rat.
7164 Ration.
7165 Rationel.
7168 Rattrapper.
7169 Ravaler.
7180 Ravilir.
7182 Ravine.
7183 Ravitailler.
7184 Rayon.
7185 Réagir (ction).
7186 Rebelle (r, ion).
7189 Rebours.
7190 Rebut (er).
7192 Récapituler.
Récapitulation.
7193 Rechange.
7194 Réchauffer.
7195 Recherche (er).
7196 Rechute.
7198 Récidiver.
7201 Récif.
7203 Réciproque.
7204 Récit (er).
7205 Recliner.
7206 Réclus (ion).
7208 Récompenser.
7209 Récomforter.
7210 Reconstituer.
7213 Reconstruire.
7214 Récrier (se).
7215 Récriminer.
7216 Recrue (ter).
7218 Recupérer (se).
7219 Recuser.
7230 Rédacteur.
7231 Reddition.
7234 Rédempteur.
7235 Redevoir (able)
7236 Redonder.
7238 Redoubler.
7239 Redouter (able)
7240 Réexporter.
Réexportation.
7241 Réfection.
7243 Réfléchir.
7345 Réflecter.
7246 Refouler (ment)
7248 Refroidir.
Refroidissement
7249 Refuge (ier, se)
7250 Refuter.
Réfutation.
7251 Régénérer.
7253 Régie.
7254 Reine.
7256 Réitérer.
7258 Rejaillir.
7259 Rejet (er).
7260 Rejoindre.
7261 Réjouir.
Réjouissance.
7263 Relâche (r).
7264 Relais.
7265 Relancer.
7268 Reléguer.
7269 Relever (se).
7280 Religion.
7281 Relire.
7283 Remanier.
Remaniement.
7284 Remballer.
7285 Rembarquer
(ment).
7286 Rembrunir.
7289 Remonter.
7290 Remontrer.
Remontrance.
7291 Remordre.
7293 Remords.
7294 Remouiller.
7295 Rempart.
7296 Remplacer.

PAVILLON DU TÉLÉGRAPHE

Hissé sur tout autre mât.

7296 Remplacement.
7298 Remployer.
7301 Remporter.
7302 Remuer (se).
7304 Rémunérer.
Rémunération.
7305 Renaître.
Renaissance.
7306 Renard.
7308 Renchérir.
Renchérissement.
7309 Rendez-vous.
7310 Renfermer.
7312 Renfoncer.
7314 Renforcer.
7315 Renier.
7316 Renom (mer).
7318 Renoncer.
Renonciation.
7319 Renseigner.
Renseignement
7320 Répartir.
7321 Repas.
7324 Replier (se).
7325 Repousser.
7326 Représenter.
Représentation.
7328 Réprimande (r)
7329 Reprise.
7340 Reproche (r, se)
7341 Reproduire.
Reproduction.
7342 République.
7345 Répugner.
Répugnance.
7346 Rescinder.
7348 Rescrit.
7349 Résider.
Résidence.
7350 Résidu.
7351 Résilier (ation).
7352 Résister (ance).
7354 Respirer (ation)
7356 Ressentir (se).
Ressentiment.
7358 Ressortir.
7359 Ressouvenir (se)
7360 Restaurer.
7361 Restauration.
7362 Rétablir (se, ssement).
7364 Réticence.
7365 Retirer (se).
7368 Retomber.

7369 Rétracter (se).
7380 Retrancher.
7381 Rétribuer.
Rétribution.
7382 Retrocéder.
7384 Rétrograder.
7385 Retrouver.
7386 Réunir (ion).
7389 Revanche (en).
7390 Réveil (er, se).
7391 Révéler (ation).
7392 Revendiquer.
7394 Revenir.
7395 Rêver.
7396 Révérer (ence).
7398 Revêtir (se).
7401 Revirer (ment).
7402 Revoir.
7403 Révolte (r)
7405 Révolution.
7406 Ridicule.
7408 Rigueur.
7409 Rire (se).
7410 Rival (ité).
7412 Rixe.
7413 Rôder (eur).
7415 Rosbif.
7416 Rose (ier).
7418 Rouler (is).
7419 Routine.
7420 Rouvrir.
7421 Royal (iste).
7423 Royaume (té).
7425 Rugir (ssement)
7426 Ruse (é).
7428 Rustre.
7429 Sabre (r).
7430 Sacrifice.
7431 Sage (esse).
7432 Saisine.
7435 Salaisons.
7436 Sale (ir).
7438 Salle.
7439 Salsepareille.
7450 Salubre (ité).
7451 Salutaire.
7452 Salvage.
7453 Sanglant.
7456 Sap (in).
7458 Sardine.
7459 Sarrasin.
7460 Saturer (ation).
7461 Scandale (iser).
7462 Science.
7463 Scrupule.

7465 Scruter.
7468 Sculpter.
7469 Secousse.
7480 Sédition.
7481 Sein.
7483 Séjour (ner).
7485 Selle (rie).
7486 Semelle.
7489 Semestre.
7490 Sénat.
Sénateur.
7491 Sens (ation).
7492 Sentiment.
7493 Sentinelle.
7495 Série.
7496 Sérieux.
7498 Serment.
7501 Serrure (rie).
7502 Session.
7503 Setier.
7504 Seuil.
7506 Sévir.
7508 Sexe (uel).
7509 Siècle.
7510 Silence.
7512 Simplifier.
7514 Simuler (ation).
7516 Simultané.
7518 Sinistre.
7519 Sirop.
7520 Sitôt que.
7521 Situer (ation).
7523 Sobre (iété).
7524 Social.
7526 Sœur.
7528 Soif.
7529 Soir (ée).
7530 Soleil.
7531 Solennel (ité).
7532 Solidaire (ment)
7534 Solide (ité).
7536 Solitude.
7538 Solive (eau).
7539 Solstice.
7540 Solvable (ilité).
7541 Soluble (tion).
7542 Sombrer.
7543 Somme (en, er)
7546 Sommet (ité).
7548 Somptueux.
Somptueusement.
7549 Songe (r).
7560 Sonner.
7561 Sordide.

7562 Sort, destin.
7563 Souche.
7564 Soufflage.
7568 Souffrir.
7569 Soulier.
7580 Soupe (r).
7581 Soupir (er).
7582 Soupirail.
7583 Souple (esse).
7584 Sourd.
7586 Sourire.
7589 Sournois.
7590 Soustraire (se).
7591 Souverain.
7592 Spectacle.
7593 Spectateur.
7594 Sperme.
7596 Sphère.
7598 Spire (al).
7601 Spirituel.
7602 Spleen.
7603 Splendeur.
7604 Splendide.
7605 Spolier (ation).
7608 Spontané.
7609 Stable (ilité).
7610 Statut (er).
7612 Steamer.
7613 Sterling.
7614 Stimuler.
7615 Stipuler (ation).
7618 Strangulation.
7619 Stérile (ité).
7620 Stratagème.
7621 Strict (ement).
7623 Stupeur (éfier).
7624 Stupide (ité).
7625 Style.
7628 Su.
7629 Suave (ité).
7630 Subalterne.
7631 Subjuguer.
7632 Sublime (ité).
7634 Submerger.
Submersion.
7635 Subordination.
7638 Suborner.
7639 Subroger.
Subrogation.
7640 Subséquent.
7641 Subside (iaire).
7642 Subsister (ance)
7643 Substituer (tion)
7645 Subterfuge.
7648 Subtile (ité).

PAVILLON DU TÉLÉGRAPHE

Hissé sur tout autre mât.

7649 Subvenir (tion.)
7650 Subvertir (sion)
7651 Succomber.
7652 Suffrage.
7653 Suicide.
7654 Suite.
7658 Suivre.
7659 Sultan.
7680 Sumach.
7681 Superbe.
7682 Supercherie.
7683 Superficie (el).
7684 Superfin.
7685 Superflu (ité).
7689 Superséder.
7690 Superstition.
7691 Supplément.
7692 Suppurer(ation)
7693 Supputer(ation)
7694 Supprême (atie)
7695 Surabonder.
Surabondance.
7698 Surenchère.
Surenchérir.
7801 Surfaire.
7802 Surlendemain.
7803 Surmonter.
7804 Surnager.
7805 Surnaturel.
7806 Surnom.
7809 Surnuméraire.
7810 Surpasser.
7812 Surpoids.
7813 Surprendre.
7814 Surseoir.
7815 Surtout.
7816 Surventer.
7819 Survivre (ance)
7820 Susceptible.
Susceptibilité.
7821 Susciter.
7823 Suspens (en).
7824 Sustenter(ation)
7825 Svelte.
7826 Symétrie.
7829 Sympathie (ser)
7830 Symptôme.
7831 Syncope.
7832 Syndic.
7834 Système.
7835 Syzygie.
7836 Tâche (r).
7839 Tacite.
7840 Tactique.
7841 Tafia.

7842 Taillanderie.
7843 Taille (r).
7845 Tailleur.
7846 Taillis.
7849 Taire (se).
7850 Talent.
7851 Tambour.
7852 Tamis (er).
7853 Tampon.
7854 Tancer.
7856 Tandis que.
7859 Tanguer.
Tangage.
7860 Tant.
7861 » Mieux.
7862 » Pis.
7863 » Soit peu.
7864 Tante.
7865 Tapage.
7869 Tapis (ser).
7890 Taquet.
7891 Taquin (er).
7892 Taraud (er).
7893 Tare (r).
7894 Tarir (ssable).
7895 Tâter.
7896 Tâtonner.
7901 Taureau.
7902 Taux.
7903 Technique.
7904 Teint (dre).
7905 Télescope.
7906 Téméraire (ité).
7908 Témoigner.
Témoignage.
7910 Tempe.
7912 Tempéré.
Température.
7913 Tempête.
7914 Temple.
7915 Temporel.
7916 Temporiser.
7918 Tendon.
7920 Ténèbres.
7921 Ténesme.
7923 Tentation.
7924 Tenue.
7925 Ténuité.
7926 Tergiverser.
Tergiversation.
7928 Terme (iner).
7930 Ternir (se).
7931 Terrasser.
7932 Terreur.
7934 Terrible.

7935 Terrir.
7936 Territoire,
7938 Tester (ament).
7940 Texte (uel),
7941 Texture.
7942 Théâtre.
7943 Thème.
7945 Théorie.
7946 Tiède.
7948 Tien.
7950 Tierçon.
7951 Tiers.
7952 Tige.
7953 Tigre.
7954 Timbre (r).
7956 Timide (ité).
7958 Tinter.
7960 Tirailler.
7961 Titre.
7962 Titulaire.
7963 Tocsin.
7964 Toi.
7965 Toile.
7968 Toise.
7980 Toit (ure).
7981 Tôle.
7982 Tolérer.
7983 Tombeau.
7984 Ton.
7985 Tonique.
7986 Topique.
8012 Torche.
8013 Tordre.
8014 Toron.
8015 Torpeur.
8016 Torpille.
8017 Torrent.
8019 Tors.
8021 Tortue.
8023 Torture (r).
8024 Touer (ée).
8025 Tourbe.
8026 Tourment (er).
8027 Tourniquet.
8029 Toutefois.
8031 Toux.
8032 Tracas (ser).
8034 Tradition (nel).
8035 Traduire.
Traduction.
8036 Tragédie.
8037 Trahir (son).
8039 Trait.
8041 Traître.
8042 Trame (er).

8043 Trancher.
8045 Transcendance.
8046 Transcrire.
8047 Transe.
8049 Transformer(se)
8051 Transfuge.
8052 Transir (i).
8053 Transit (er)
Transition.
8054 Transmettre.
8056 Transparent.
8057 Transpirer.
8059 Transplanter.
8061 Transposer.
8062 Transvaser.
8063 Transverse.
8064 Trappe.
8065 Traquer.
8067 Trèfle.
8069 Trembler(ment)
8071 Trempe (r).
8072 Trépan (er).
8073 Trépas (ser).
8074 Tressaillir.
8075 Triangle.
8076 Tribu.
8079 Tribulation.
8091 Tribunal.
8092 Tribut (aire).
8093 Tricolore.
8094 Trier.
8095 Trimestre.
8096 Tringle.
8097 Triomphe.
8102 Triple (r).
8103 Triste (esse).
8104 Trombe.
8105 Trône.
8106 Tronquer.
8107 Trophée.
8109 Troupe.
8120 Tuile.
8123 Turbot.
8124 Turbulent.
8125 Turpitude.
8126 Turtle.
8127 Tutelle (aire).
8129 Tuyau.
8130 Type.
8132 Typhon.
8134 Tyran (nie).
8135 Ukasse.
8136 Ulcérer.
8137 Ultérieur.
8139 Unique.

PAVILLON DU TÉLÉGRAPHE

Hissé sur tout autre mât.

8140 Urbanité.
8142 Urgent (ce).
8143 Usine.
8145 Ustensile.
8147 Usuel.
8149 Usufruit.
8150 Usure.
8152 Usurper (ation).
8154 Utopie.
8156 Vacarme.
8157 Vaccin (ation).
8159 Vaciller (ation).
8160 Vague.
8162 Vaigres (age).
8163 Vaillant.
8164 Vain.
8165 Vaincre.
Vainqueur.
8167 Valable.
8169 Vanité.
8170 Vanne.
8172 Vanter (se).
8173 Vapeur.
8174 Varagnes.
8175 Vareck.
8176 Varenne.
8179 Varlope (r).
8190 Vase (eux).
8192 Vaste.
8193 Vautour.
8194 Vedette.
8195 Véhément (ce).
8196 Veine.
8197 Veiller.
8201 Velléité.
8203 Velours.
8204 Velte (r, age).
8205 Venaison.
8206 Vénal (ité).
8207 Vendeur.
8209 Vendiquer.
8210 Vénérer (able).
8213 Venger (se).
Vengeance.
8214 Véniel.
8215 Venin (meux).
8216 Vent d'aval.
8219 Vent fait.
8230 Ventre.
8231 Verbal (ement).
8234 Verdet.
8235 Verge.
8236 Verglas.
8237 Vermifuge.
8239 Vermine.
8240 Vertèbre.
8241 Vertement.
8243 Vertical.
8245 Vertige.
8247 Vertu (eux).
8249 Verbe.
8250 Vessie.
8251 Vestige.
8253 Vétéran.
8254 Vêtir (se).
8256 Vétusté.
8257 Veuf (ve).
8259 Viager.
8260 Viande
8261 Vibrer (ation).
8263 Vicaire.
8264 Vice.
8265 Vice-Roi.
8267 Vicier (eux).
8269 Vicomte (esse).
8270 Victime.
Victimer.
8271 Victuailles.
8273 Vie.
8274 Vieil (le, esse).
8275 Vieillir.
8276 Vigie.
8279 Vigilant (ce).
8290 Vigne.
8291 Vigueur.
8293 Vilain.
8294 Village.
8295 Vindicte.
8296 Viol (er).
8297 Violent (ce).
8301 Violet (te).
8302 Violon.
8304 Vipère.
8305 Vireveau.
8306 Virulent.
8307 Vision (aire).
8309 Vitre (age).
8310 Vitriol.
8312 Vociférer.
8314 Vœu (x).
8315 Vogue (r).
8316 Voiture.
8317 Voix.
8319 Vomir.
8320 Vorace (ité).
8321 Vouer (se).
8324 Voute (r).
8325 Vrai (ment).
8326 Vraisemblable.
8327 Vu que.
8329 Vulgaire (ment)
8340 Vulnérable.
8341 Zèbre.
8342 Zénith.
8345 Zéphyr.
8346 Zéro.
8347 Zinc.
8349 Zodiaque.
8350 Zône.

NOTA. — *Il est essentiel de porter la plus exacte attention à l'avis en tête de ce Supplément.*

INDEX

DU VOCABULAIRE DE LA PARTIE VI.

Il convient de rechercher dans la partie VI, le mot indiqué à l'Index ci-joint avant de le signaler ; on trouvera quelquefois, à côté, d'autres termes mieux adaptés au besoin.

INDEX DU VOCABULAIRE DE LA PARTIE VI.

INDEX DU VOCABULAIRE DE LA PARTIE VI.

BIBLIOTHEQUE ROYALE
I

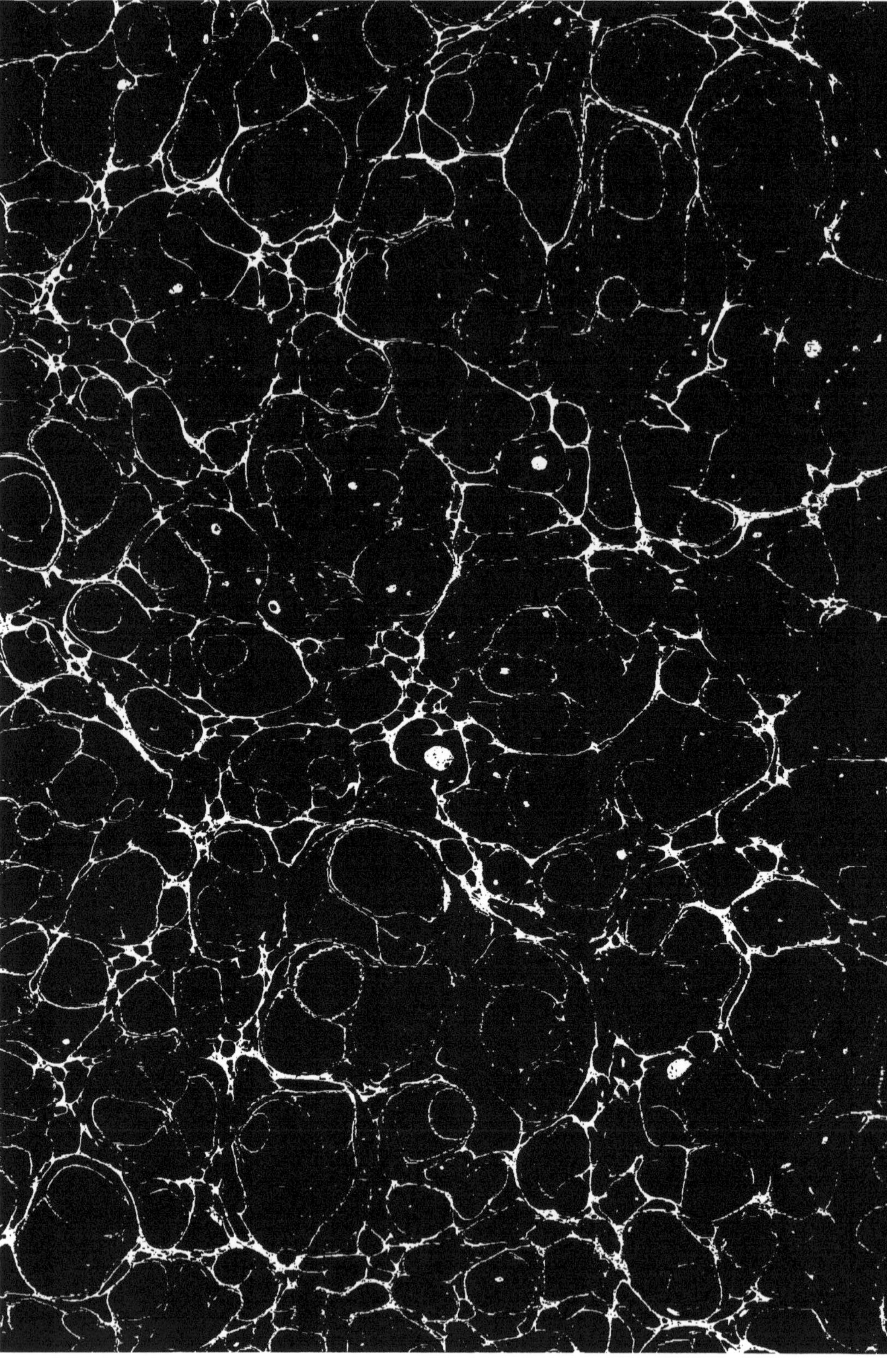

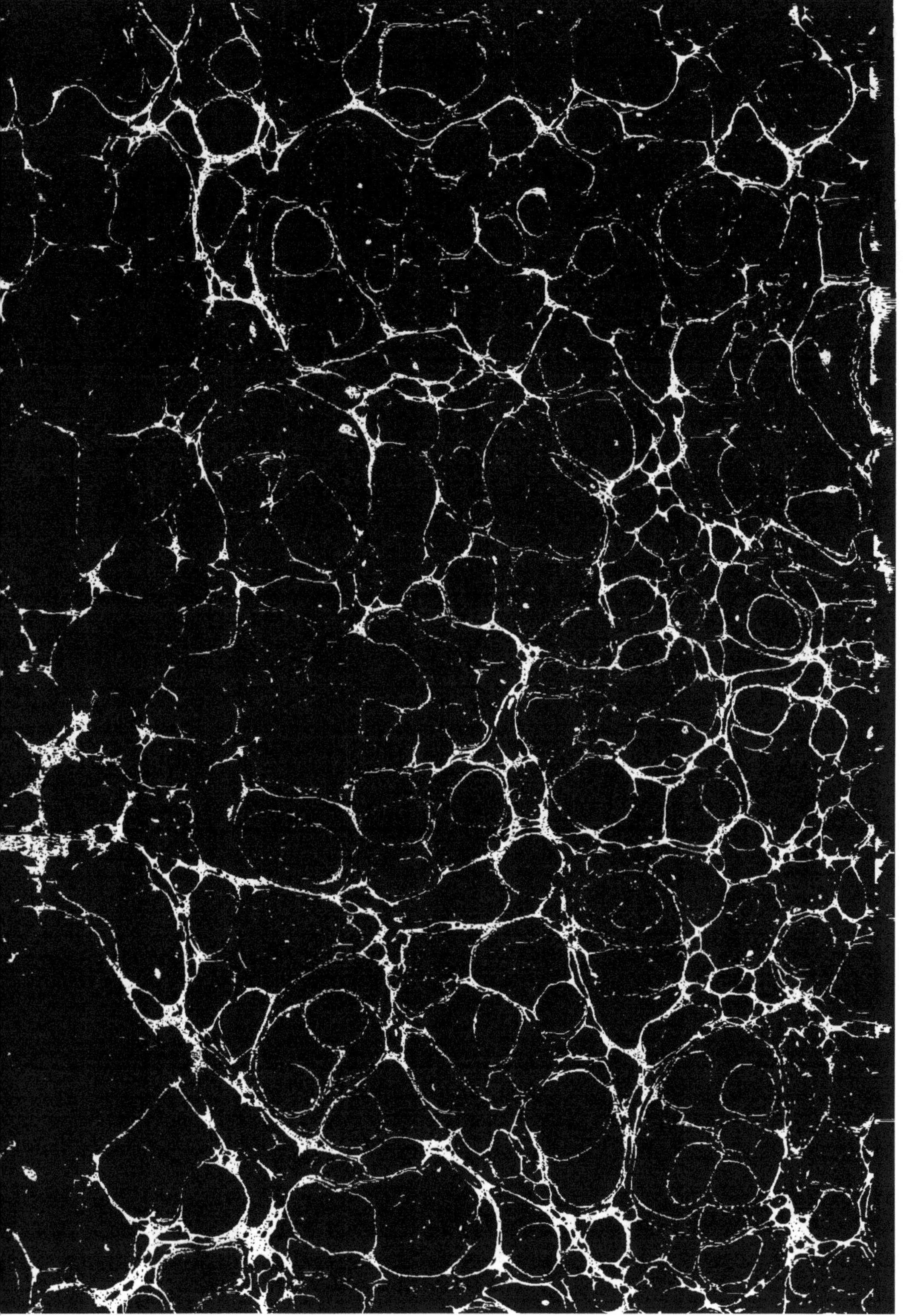

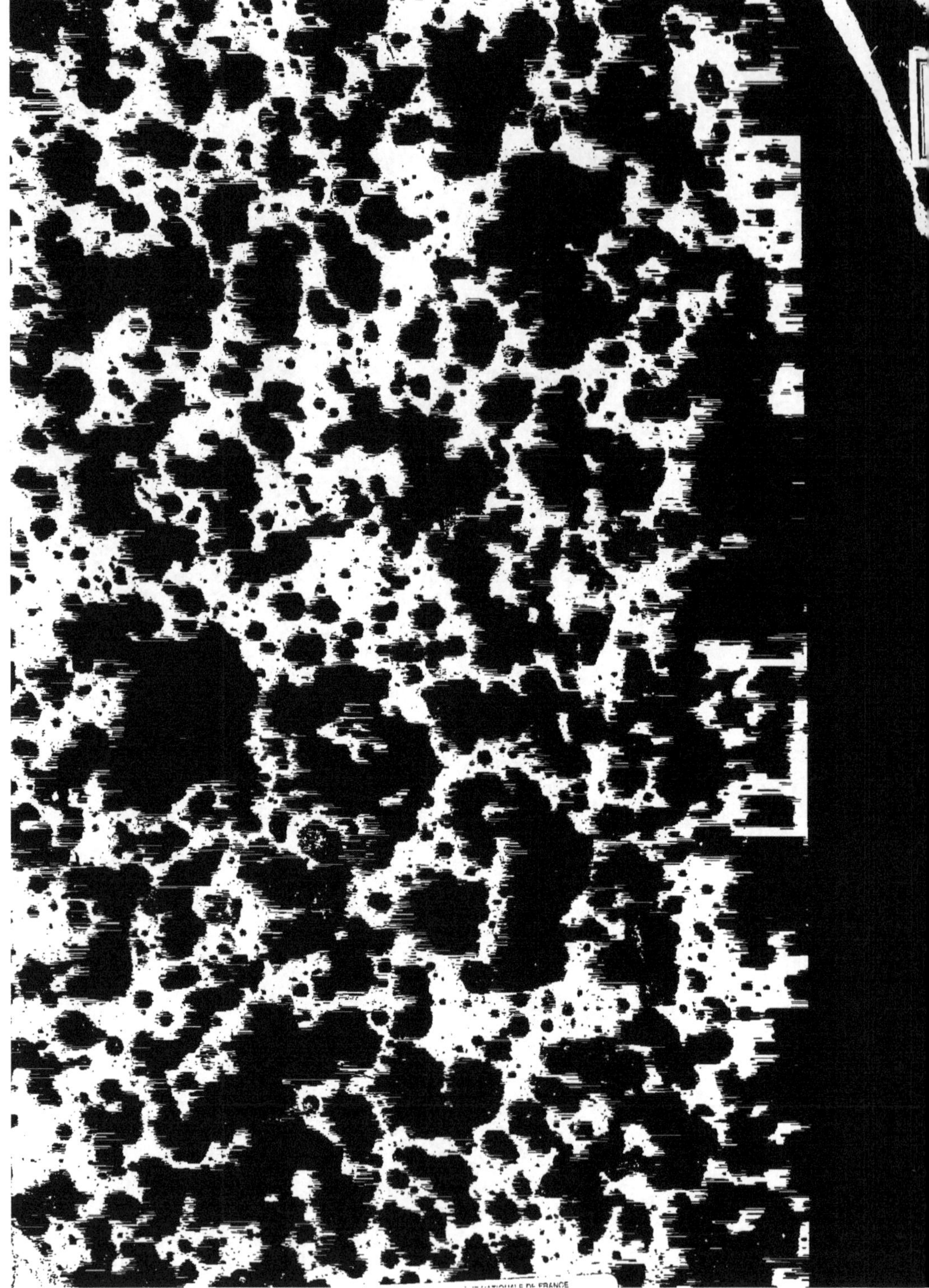

www.ingramcontent.com/pod-product-compliance
Ingram Content Group UK Ltd.
Pitfield, Milton Keynes, MK11 3LW, UK
UKHW022111190726
13855UKWH00002B/781

9 782012 893245